现代化新征程丛书

隆国强　总主编

BUILDING
A MARITIME POWER
EXPLORATION AND PRACTICE IN ZHEJIANG

建设海洋强国

浙江的探索实践

浙江省发展规划研究院　编著

图书在版编目（CIP）数据

建设海洋强国：浙江的探索实践 / 浙江省发展规划研究院编著．—北京：中国发展出版社，2024.5

ISBN 978-7-5177-1404-0

Ⅰ．①建…　Ⅱ．①浙…　Ⅲ．①海洋战略－研究－浙江　Ⅳ．①P74

中国国家版本馆 CIP 数据核字（2024）第 015332 号

书　　　名：建设海洋强国：浙江的探索实践
著作责任者：浙江省发展规划研究院
责 任 编 辑：吴　佳　张　楠
出 版 发 行：中国发展出版社
联 系 地 址：北京经济技术开发区荣华中路 22 号亦城财富中心 1 号楼 8 层（100176）
标 准 书 号：ISBN 978-7-5177-1404-0
经　销　者：各地新华书店
印　刷　者：北京博海升彩色印刷有限公司
开　　　本：710mm × 1000mm　1/16
印　　　张：10
字　　　数：130 千字
版　　　次：2024 年 5 月第 1 版
印　　　次：2024 年 5 月第 1 次印刷
定　　　价：58.00 元

联 系 电 话：（010）68990625　68360970
购 书 热 线：（010）68990682　68990686
网 络 订 购：http://zgfzcbs. tmall. com
网 购 电 话：（010）88333349　68990639
本 社 网 址：http://www.develpress. com
电 子 邮 件：15210957065@163.com

“现代化新征程丛书”编委会

联合编制单位

国研智库
中国社会科学院工业经济研究所
中共浙江省委政策研究室
工业和信息化部电子第五研究所（服务型制造研究院）
清华大学技术创新研究中心
清华大学人工智能国际治理研究院
上海交通大学国际与公共事务学院
上海交通大学健康传播发展中心
浙江省发展规划研究院
苏州大学北京研究院
江苏省产业技术研究院
中国大唐集团有限公司
广东省交通集团有限公司
行云集团
上海昌进生物科技有限公司
安易持（北京）安全技术研究院
广东利通科技投资有限公司

《建设海洋强国：浙江的探索实践》编委会

主编

吴红梅

副主编

周世锋　郭鹏程　沈　锋　秦诗立

执行主编

毛翰宣　冯程瑜

编委

王　维　郎　诚　罗　煜　薛　峰

周星呈　白　冰

总 序

党的二十大报告提出，从现在起，中国共产党的中心任务就是团结带领全国各族人民全面建成社会主义现代化强国、实现第二个百年奋斗目标，以中国式现代化全面推进中华民族伟大复兴。当前，世界之变、时代之变、历史之变正以前所未有的方式展开，充满新机遇和新挑战，全球发展的不确定性不稳定性更加突出，全方位的国际竞争更加激烈。面对百年未有之大变局，我们坚持把发展作为党执政兴国的第一要务，把高质量发展作为全面建设社会主义现代化国家的首要任务，完整、准确、全面贯彻新发展理念，坚持社会主义市场经济改革方向，坚持高水平对外开放，加快构建以国内大循环为主体、国内国际双循环相互促进的新发展格局，不断以中国的新发展为世界提供新机遇。

习近平总书记指出，今天，我们比历史上任何时期都更接近、更有信心和能力实现中华民族伟大复兴的目标。中华民族已完成全面建成小康社会的千年夙愿，开创了中国式现代化新道路，为实现中华民族伟大复兴提供了坚实的物质基础。现代化新征程就是要实现国家富强、民族振兴、人民幸福的宏伟目标。在党的二十大号召下，全国人民坚定信心、同心同德，埋头苦干、奋勇前进，为全面建设社会主义现代化国家、全面推进中华民族伟大复兴而团结奋斗。

走好现代化新征程，要站在新的历史方位，推进实现中华民族伟大复兴。党的十八大以来，中国特色社会主义进入新时代，这是我国发展新的历史方位。从宏观层面来看，走好现代化新征程，需要站在新的历史方位，客观认识、准确把握当前党和人民事业所处的发展阶段，不断推动经济高质量发展。从中观层面来看，走好现代化新征程，需要站在新的历史方位，适应我国参与国际竞合比较优势的变化，通过深化供给侧结构性改革，对内解决好发展不平衡不充分问题，对外化解外部环境新矛盾新挑战，实现对全球要素资源的强大吸引力、在激烈国际竞争中的强大竞争力、在全球资源配置中的强大推动力，在科技高水平自立自强基础上塑造形成参与国际竞合新优势。从微观层面来看，走好现代化新征程，需要站在新的历史方位，坚持系统观念和辩证思维，坚持两点论和重点论相统一，以“把握主动权、下好先手棋”的思路，充分依托我国超大规模市场优势，培育和挖掘内需市场，推动产业结构优化和转型升级，提升产业链供应链韧性，增强国家的生存力、竞争力、发展力、持续力，确保中华民族伟大复兴进程不迟滞、不中断。

走好现代化新征程，要把各国现代化的经验和我国国情相结合。实现现代化是世界各国人民的共同追求。随着经济社会的发展，人们越来越清醒全面地认识到，现代化虽起源于西方，但各国的现代化道路不尽相同，世界上没有放之四海而皆准的现代化模式。因此，走好现代化新征程，要把各国现代化的共同特征和我国具体国情相结合。我们要坚持胸怀天下，拓展世界眼光，深刻洞察人类发展进步潮流，以海纳百川的宽阔胸襟借鉴吸收人类一切优秀文明成果。坚持从中国实际出发，不断推进和拓展中国式现代化。党的二十大报告系统阐述了中国式现代化的五大特征，即中国式现代化是人口规模巨大的现代化、是全体人民共同富裕的现代化、是物质文明和精神文明相协调的现代化、是人与自然和谐共生的现代化、是走和平发展道路的现代化。中国式现代化的五大特征，反映出我们的现代化新征程，是基于大国经济，按照中国特色社会主义制度的本质要求，实现长期全面、绿色可持续、和平共赢的现代化。此外，党的二十大报告提出了中国式现代化的本质要求，即坚持中国共产党领导，坚持中国特色社会主义，实现高质量发展，发展全过程人民民主，丰富人民精神世界，实现全体人民共同富裕，促进人与自然和谐共生，推动构建人类命运共同体，创造人类文明新形态。这既是我们走好现代化新征程的实践要求，也为我们指明了走好现代化新征程的领导力量、实践路径和目标责任，为我们准确把握中国式现代化核心要义，推动各方面工作沿着复兴目标迈进提供了根本遵循。

走好现代化新征程，要完整、准确、全面贯彻新发展理念，着力推动高质量发展，加快构建新发展格局。高质量发展是全面建设社会主义现代化国家的首要任务。推动高质量发展必须完整、准确、全面贯彻新发展理念，让创新成为第一动力、协调成为内生特点、绿色成为普遍形态、开放成为必由之路、共享成为根本目的，努力实现高质量发展。同时，还必须建立和完善促进高质量发展的一整套体制机制，才能保障发展方式的根本性转变。如果不能及时建立一整套衡量高质量发展的指标体系和政绩考核体系，就难以引导干部按照新发展理念来推进工作。如果不能在创新、知识产权保护、行业准入等方面建立战略性新兴产业需要的体制机制，新兴产业、未来产业等高质量发展的新动能也难以顺利形成。

走好现代化新征程，必须全面深化改革、扩大高水平对外开放。改革开放为我国经济社会发展注入了强劲动力，是决定当代中国命运的关键一招。改革开放以来，我国经济社会发展水平不断提升，人民群众的生活质量不断改善，经济发展深度融入全球化体系，创造了举世瞩目的伟大成就。随着党的二十大开启了中国式现代化新征程，需要不断深化重点领域改革，为现代化建设提供体制保障。2023年中央经济工作会议强调，必须坚持依靠改革开放增强发展内生动力，统筹推进深层次改革和高水平开放，不断解放和发展生产力、激发和增强社会活力。第一，要不断完善落实“两个毫不动摇”的体制机制，充分激发各类经营主体的内生动力和创新活力。公有制为主体、多种所有制经济共同发展是我国现代化建设的重要优势。推动高质量发展，需要深化改革，充分释放各类经营主体的创新活力。应对国际环境的复杂性、严峻性、不确定性，克服“卡脖子”问题，维护产业链供应链安全稳定，同样需要为各类经营主体的发展提供更加完善的市场环境和体制环境。第二，要加快全国统一大市场建设，提高资源配置效率。超大规模的国内市场，可以有效分摊企业研发、制造、服务的成本，形成规模经济，这是我国推动高质量发展的一个重要优势。第三，扩大高水平对外开放，形成开放与改革相互促进的新格局。对外开放本质上也是改革，以开放促改革、促发展，是我国发展不断取得新成就的重要法宝。对外开放是利用全球资源全球市场和在全球配置资源，是高质量发展的内在要求。

知之愈明，则行之愈笃。走在现代化新征程上，我们出版“现代化新征程丛书”，是为了让社会各界更好地把握当下发展机遇、面向未来，以奋斗姿态、实干业绩助力中国式现代化开创新篇章。具体来说，主要有三个方面的考虑。

一是学习贯彻落实好党的二十大精神，为推进中国式现代化凝聚共识。党的二十大报告阐述了开辟马克思主义中国化时代化新境界、中国式现代化的中国特色和本质要求等重大问题，擘画了全面建成社会主义现代化强国的宏伟蓝图和实践路径，就未来五年党和国家事业发展制定了大政方针、作出了全面部署，是中国共产党团结带领全国各族人民夺取新时代中国特色社会主义新胜利的政治宣言和行动纲领。此套丛书，以习近平新时代中国特色社会主义思想为指导，认真对标对表党的二十大报告，从报告原文中找指导、从会议精神中找动力，用行动践行学习宣传贯彻党的二十大精神。

二是交流高质量发展的成功实践，释放创新动能，引领新质生产力发展，为推进中国式现代化汇聚众智。来自20多家智库和机构的专家参与本套丛书的编写。丛书第二辑将以新质生产力为主线，立足中国式现代化的时代特征和发展要求，直面各个地区、各个部门面对的新情况、新问题，总结借鉴国际国内现代化建设的成功经验，为各类决策者提供咨询建议。丛书内容注重实用性、可操作性，努力打造成为地方政府和企业管理层看得懂、学得会、用得了的使用指南。

三是探索未来发展新领域新赛道，加快形成新质生产力，增强发展新动能。新时代新征程，面对百年未有之大变局，我们要深入理解和把握新质生产力的丰富内涵、基本特点、形成逻辑和深刻影响，把创新贯穿于现代化建设各方面全过程，不断开辟发展新领域新赛道，特别是以颠覆性技术和前沿技术催生的新产业、新模式、新动能，把握新一轮科技革命机遇、建设现代化产业体系，全面塑造发展新优势，为我国经济高质量发展提供持久动能。

“现代化新征程丛书”主要面向党政领导干部、企事业单位管理层、专业研究人员等读者群体，致力于为读者丰富知识素养、拓宽眼界格局，提升其决策能力、研究能力和实践能力。丛书编制过程中，重点坚持以下三个原则：一是坚持政治性，把坚持正确的政治方向摆在首位，坚持以党的二十大精神为行动指南，确保相关政策文件、编选编排、相关概念的准确性；二是坚持前沿性，丛书选题充分体现鲜明的时代特征，面向未来发展重点领域，内容充分展现现代化新征程的新机遇、新要求、新举措；三是坚持实用性，丛书编制注重理论与实践的结合，特别是用新的理论要求指导新的实践，内容突出针对性、示范性和可操作性。在上述理念与原则的指导下，“现代化新征程丛书”第一辑收获了良好的成效，入选中宣部“2023年主题出版重点出版物选题”，相关内容得到了政府、企业决策者和研究人员的极大关注，充分发挥了丛书服务决策咨询、破解现实难题、支撑高质量发展的智库作用。

“现代化新征程丛书”第二辑按照开放、创新、产业、模式“四位一体”架构进行设计，包含十多种图书。其中，“开放”主题有“‘地瓜经济’提能升级”“跨境电商”等；“创新”主题有“科技创新推动产业创新”“前沿人工智能”等；“产业”主题有“建设现代化产业体系”“储能经济”“合成生物”“绿动未来”“建设海洋强国”“产业融合”“健康产业”“安全应急产业”等；“模式”主题有“未来制造”等。此外，丛书编委会根据前期调研，撰写了“高质量发展典型案例（二）”。

相知无远近，万里尚为邻。丛书第一辑的出版，已经为我们加强智库与智库、智库与传播界之间协作，促进智库研究机构与智库传播机构的高水平联动提供了很好的实践，也取得社会效益与经济效益的双丰收，为我们构建智库型出版产业体系和生态系统，实现“智库引领、出版引路、路径引导”迈出了坚实的一步。积力之所举，则无不胜也；众智之所为，则无不成也。我们希望再次与大家携手共进，通过丛书第二辑的出版，促进新质生产力发展、有效推动高质量发展，为全面建成社会主义现代化强国、实现第二个百年奋斗目标作出积极贡献！

隆国强
国务院发展研究中心副主任、党组成员
2024年3月

序 言

21世纪是海洋的世纪，为了抢占海洋时代的新优势，世界海洋国家纷纷调整海洋政策，把发展海洋经济作为本国发展的重大战略。海洋强则国家强，海洋兴则民族兴。党的十八大以来，以习近平同志为核心的党中央高度重视海洋强国建设和海洋事业发展，将海洋强国建设作为中国特色社会主义事业的重要组成部分和实现中华民族伟大复兴的重大战略任务。党的十八大报告提出，提高海洋资源开发能力，发展海洋经济，保护海洋生态环境，坚决维护国家海洋权益，建设海洋强国。党的十九大报告提出，坚持陆海统筹，加快建设海洋强国。党的二十大报告提出，发展海洋经济，保护海洋生态环境，加快建设海洋强国。三次党代会均对建设海洋强国作了重要论述，使其目标内涵逐渐明晰、丰富，这体现了“加快建设海洋强国”在推进中国式现代化中的历史担当与方位使命。

2003年7月，时任浙江省委书记的习近平在浙江省委十一届四次全会上完整地、系统地提出了“八八战略”[①]。大力发展海洋经济是其内容之一。发展海洋经济是忠实践行“八八战略”的题中之义。浙江海洋资源丰富，海岸线长度和海岛数量位居全国第一，海洋是浙江的优势所在、潜力所在，也是希望所在。浙江省委、省政府高度重视海洋

① 《从浙江实践看“八八战略”的时代价值》，求是网，2018年4月20日。

经济发展，坚持一张蓝图绘到底、一任接着一任干，先后制定或调整了海洋经济发展规划和实施计划，出台相关政策措施，首创成立海洋经济发展厅，久久为功、持续推动海洋经济高质量发展不断取得新成就。

浙江省发展规划研究院作为浙江省委、省政府确定的5家高端智库试点单位之一，是全省高质量发展重要的“思想库”“智囊团”和“工程院”。20余年来，浙江省发展规划研究院深耕浙江海洋经济发展和海洋空间规划领域，支撑浙江省委、省政府完成了众多海洋领域重大规划、意见、课题研究。本书阐明了海洋强国建设的重大意义，并以浙江省为例，系统梳理了浙江推进海洋经济强省建设的主要历程与发展成效，总结了浙江乃至全国在世界一流强港建设、现代海洋产业发展、海洋科技创新、海洋开放合作、海洋生态保护、海洋空间资源管控等领域的发展概况、典型案例，提出下一阶段全国，尤其是浙江海洋经济发展的建议与展望。

2023年9月，习近平总书记再次亲临浙江考察，发表重要讲话，作出重要指示，赋予浙江“中国式现代化的先行者”新定位、“奋力谱写中国式现代化浙江新篇章”新使命，为浙江各项工作指明了前进方向、提供了根本遵循。当前，浙江要深入学习贯彻习近平总书记考察浙江重要讲话精神，持续推动“八八战略”走深走实，加快建设海洋强省，为勇当中国式现代化的先行者、奋力谱写中国式现代化浙江新篇章、建设海洋强国提供重要支撑。

吴红梅

浙江省发展规划研究院党组书记、院长

目 录

第一章

总论：海洋强国建设与浙江海洋探索实践

党的十八大以来，习近平总书记统揽国内国际发展大局，准确把握时代发展大势，就新形势下我国海洋事业发展的指导思想、主要任务、根本目标等作出一系列重大部署，提出建设海洋强国的国家战略，为海洋事业发展提供了基本遵循。作为习近平总书记关于海洋强国重要论述萌发地的浙江，自"八八战略"实施以来，大力发展海洋经济，分阶段持续推进海洋经济强省建设，取得了较为显著的成效。

一、海洋强国建设必要性及发展历程

2012年，习近平总书记在参观《复兴之路》展览时首次指出，实现中华民族伟大复兴，就是中华民族近代以来最伟大的梦想[①]，开启了中国梦的伟大愿景。党的十九大报告指出，实现中华民族伟大复兴是近代以来中华民族最伟大的梦想。党的二十大主题是高举中国特色社会主义伟大旗帜，全面贯彻习近平新时代中国特色社会主义思想，弘扬伟大建党精神，自信自强、守正创新，踔厉奋发、勇毅前行，为全面建设社会主义现代化国家、全面推进中华民族伟大复兴而团结奋斗。可以说，实现中华民族伟大复兴是贯穿党的百年奋斗历程的鲜明主题。

自古以来，海权都是一个国家走向世界的决定性因素。任何国家要提升实力，并在国内达到最大限度的繁荣与安全，控制海权都是首要之务[②]。建设海洋强国是增强我国综合发展实力的一个有力支撑，通过海洋产业、海洋科技、海洋港口、海洋开放、海洋生态、海洋军事

① 《习近平：承前启后 继往开来 继续朝着中华民族伟大复兴目标奋勇前进》，人民网，2012年11月29日。

② 李冠群：《中国海权发展的战略目标、基本限度和路径》，《亚太安全与海洋研究》2022年第3期。

等多领域的发展提升，可进一步提升海洋强国水平，助力中国式现代化，为我国加快实现中华民族伟大复兴提供重要支撑。

（一）新时代海洋强国建设的必要性

1. 海洋强国建设有利于加快催生科技创新新兴产业

党的二十大报告提出，坚持创新在我国现代化建设全局中的核心地位。完善党中央对科技工作统一领导的体制，健全新型举国体制，强化国家战略科技力量，优化配置创新资源，优化国家科研机构、高水平研究型大学、科技领军企业定位和布局，形成国家实验室体系，统筹推进国际科技创新中心、区域科技创新中心建设，加强科技基础能力建设，强化科技战略咨询，提升国家创新体系整体效能。深化科技体制和科技评价改革，加大多元化科技投入，加强知识产权法治保障，形成支持全面创新的基础制度。

习近平总书记提出，建设海洋强国必须大力发展海洋高新技术①。海洋科技发达是海洋强国的重要标志。海洋水产品加工、海洋高端装备制造、海洋清洁能源开发利用、海洋生物医药、海洋电子信息、深海勘探及资源利用等海洋产业需要高技术作为支撑，属于技术密集型产业。加快海洋强国建设的一个重要任务是增强海洋科技创新能力，尤其是提升原始创新水平和科技成果转化应用水平，从而通过海洋科技创新的能级跃升带动更多海洋领域的科技创新新兴生产业态诞生。

2. 海洋强国建设有利于加快推动开放合作全球治理

党的二十大报告提出，中国坚持对外开放的基本国策，坚定奉行互利共赢的开放战略，不断以中国新发展为世界提供新机遇，推动建

① 《习近平：要进一步关心海洋、认识海洋、经略海洋》，中国政府网，2013 年 7 月 31 日。

设开放型世界经济，更好惠及各国人民。中国坚持经济全球化正确方向，推动贸易和投资自由化便利化，推进双边、区域和多边合作，促进国际宏观经济政策协调，共同营造有利于发展的国际环境，共同培育全球发展新动能……中国积极参与全球治理体系改革和建设，践行共商共建共享的全球治理观，坚持真正的多边主义，推进国际关系民主化，推动全球治理朝着更加公正合理的方向发展……构建人类命运共同体是世界各国人民前途所在。

习近平总书记指出，海洋对于人类社会生存和发展具有重要意义。海洋孕育了生命、联通了世界、促进了发展。我们人类居住的这个蓝色星球，不是被海洋分割成了各个孤岛，而是被海洋连结成了命运共同体，各国人民安危与共[①]。海洋的开放性和连通性决定了建设海洋强国必须立足国内、接轨国际。建设海洋强国可进一步为世界提供更多机遇、注入强劲动力，并将海洋治理的中国智慧、中国成果与国际共享，深度参与并积极提升全球海洋治理水平。

3. 海洋强国建设有利于加快推进人与自然和谐共生

党的二十大报告提出，大自然是人类赖以生存发展的基本条件。尊重自然、顺应自然、保护自然，是全面建设社会主义现代化国家的内在要求。必须牢固树立和践行绿水青山就是金山银山的理念，站在人与自然和谐共生的高度谋划发展。我们要推进美丽中国建设，坚持山水林田湖草沙一体化保护和系统治理，统筹产业结构调整、污染治理、生态保护、气候变化应对，协同推进降碳、减污、扩绿，推进生态优先、节约集约、绿色低碳发展……坚定不移走生产发展、生活富裕、生态良好的文明发展道路，实现中华民族永续发展。

① 《人民日报：积极推动构建海洋命运共同体》，人民网，2019 年 12 月 24 日。

2023 年，习近平总书记在广东考察时强调，加强海洋生态文明建设，是生态文明建设的重要组成部分[①]。健康的海洋是建设海洋强国的根本要求，建设海洋强国可以进一步健全海洋资源开发保护制度，在守牢生态安全边界的前提下，全面提高海洋资源利用效率，保护海洋生物多样性，加快建设碧海银滩的蓝色家园，助力实现人与自然和谐共生的中国式现代化。

（二）新时代海洋强国发展历程

1. 架梁立柱海洋强国战略

2012 年，党的十八大报告明确提出，提高海洋资源开发能力，发展海洋经济，保护海洋生态环境，坚决维护国家海洋权益，建设海洋强国。2013 年 7 月 30 日，习近平总书记在十八届中共中央政治局第八次集体学习时强调，建设海洋强国是中国特色社会主义事业的重要组成部分……要进一步关心海洋、认识海洋、经略海洋，推动我国海洋强国建设不断取得新成就[②]。同时对海洋产业发展、海洋科学技术、海洋生态文明、国家海洋权益等海洋强国建设内涵作了系统性阐述，明确了海洋强国战略的四梁八柱。

2. 加快实施海洋强国战略

2017 年，党的十九大报告提出，坚持陆海统筹，加快建设海洋强国。随后，习近平总书记在多个场合均提到了建设海洋强国。2018 年 4 月，习近平总书记在庆祝海南建省办经济特区 30 周年大会上提出，要严格保护海洋生态环境，建立健全陆海统筹的生态系统保护修复和污染防治区域联动机制[③]。2019 年 10 月，习近平总书记在致 2019 中国

① 《坚持绿色发展理念 积极推进海洋生态文明建设》，中国共产党新闻网，2023 年 7 月 19 日。
② 《习近平：要进一步关心海洋、认识海洋、经略海洋》，中国政府网，2013 年 7 月 31 日。
③ 《在庆祝海南建省办经济特区 30 周年大会上的讲话》，人民网，2018 年 4 月 14 日。

海洋经济博览会的贺信中提出，要加快海洋科技创新步伐，提高海洋资源开发能力，培育壮大海洋战略性新兴产业。要促进海上互联互通和各领域务实合作，积极发展“蓝色伙伴关系”[①]。2022 年 4 月，习近平总书记在海南考察时提出，要推动海洋科技实现高水平自立自强，加强原创性、引领性科技攻关，把装备制造牢牢抓在自己手里，努力用我们自己的装备开发油气资源，提高能源自给率，保障国家能源安全[②]。

3. 持续深化海洋强国战略

2022 年，党的二十大报告提出，发展海洋经济，保护海洋生态环境，加快建设海洋强国。同时对海洋开放合作和国家海洋权益作了最新阐述。明确推进高水平对外开放，推动共建“一带一路”高质量发展。优化区域开放布局，巩固东部沿海地区开放先导地位，提高中西部和东北地区开放水平。加快建设西部陆海新通道。加快建设海南自由贸易港，实施自由贸易试验区提升战略，扩大面向全球的高标准自由贸易区网络。确保粮食、能源资源、重要产业链供应链安全，加强海外安全保障能力建设，维护我国公民、法人在海外合法权益，维护海洋权益，坚定捍卫国家主权、安全、发展利益。

二、浙江海洋强省建设必要性及发展历程

习近平总书记有着深厚的海洋情结，高度重视海洋强国建设。在主政浙江期间，他就把浙江新一轮发展的视野投向了广阔的蓝色国土。

---

① 《习近平致信祝贺 2019 中国海洋经济博览会开幕》，中国政府网，2019 年 10 月 15 日。

② 《习近平在海南考察：解放思想开拓创新团结奋斗攻坚克难 加快建设具有世界影响力的中国特色自由贸易港》，中国政府网，2022 年 4 月 13 日。

2003年，习近平同志提出要建设海洋经济强省[①]。同年7月，浙江省委十一届四次全会将海洋经济列入“八八战略”，有力推动了浙江海洋经济发展。海洋是浙江未来发展的希望所在、潜力所在、优势所在。历届浙江省委、省政府按照一张蓝图绘到底，久久为功、绵绵用力推进浙江海洋经济发展，高质量建设海洋经济强省。

（一）浙江建设海洋强省的必要性

1. 建设海洋强省是强化陆海统筹、促进区域协调发展的重要举措

世界海洋国家沿海经济带和我国环渤海、长三角、珠三角经济圈的形成，都是陆域和海域经济互动的结果。习近平总书记曾指出，海洋经济是陆海一体化经济；海洋经济横跨陆海，涉及海洋各类产业及相关经济活动，涵盖领域十分广泛。因此，发展海洋经济不能就海洋论海洋，就渔业论海洋；海洋的大规模开发，需要强大的陆域经济支持；陆域经济的进一步发展，必须依托于蓝色国土，发挥海洋优势。加强陆域和海域经济的联动发展，实现陆海之间资源互补、产业互动、布局互联，是海洋经济发展的必然规律[②]。

当前，海洋经济发展已日益突破地理空间的限制，正在更大空间、更多领域、更深层次上进行涉海资源要素配置与优化，陆海统筹正被赋予新的内涵和要求。浙江坚定“以海定陆、由海引陆、陆海统筹、联动发展的‘跳出海洋看海洋’”理念，自实施山海协作工程以来，到2022年，城乡收入倍差从2.28降至1.90，位列全国第三。大力发展海洋经济，建设海洋经济强省，重点推动内陆地区尤其是山区26县更深层次认同海洋经济、参与海洋经济、发展海洋经济，可进一步缩小全省区域发展差距，更好地促进全省区域协调发展。

①② 习近平：《发挥海洋资源优势 建设海洋经济强省——在全省海洋经济工作会议上的讲话》，《浙江经济》2003年第16期。

2. 建设海洋强省是拓展发展空间、推进经济转型升级的战略选择

浙江是陆域小省，陆域面积10万多平方公里，人口密集，环境承载力有限。但浙江也是海洋资源大省，全省海域面积26万平方公里，相当于陆域面积的2.6倍；拥有面积500平方米以上的海岛2800余个，居全国首位；海岸线6696公里，深水岸线700多公里，居全国首位。尤其是海岸带区域兼具交通区位、基础设施、资源等综合优势，已经成为全省生产力布局的核心区、主战场。习近平总书记曾指出，海洋经济是高附加值经济。海洋经济主要包括海洋渔业、海洋交通运输业、海洋油气业、滨海旅游业、盐业、海水利用业、海洋生物医药业以及海洋船舶、海洋化工等临港工业。这些产业的基本特征之一是附加值比较高，其中相当一部分融合了现代科技成果，是知识、技术、资金密集型产业。加快发展海洋经济，就是要通过深入实施科技兴海战略，在全面提升海洋渔业等传统产业的同时，大力发展高附加值的临港型重化工业和海洋生物医药等高新技术产业，推动经济结构的战略性调整，形成新的发展优势[①]。相对广东、江苏等地，浙江产业层次相对较低，企业产品附加值也较低。大力发展海洋经济，建设海洋经济强省，不仅可为浙江省高质量发展提供新的资源空间，有效缓解当前发展陆域所面临的资源、环境、人口压力，还可以大力发展高附加值、资本技术密集型的海洋新兴产业，加速推动经济转型升级，形成新的发展优势。

3. 建设海洋强省是塑造竞争优势、扩大内外双向开放的必然要求

自古以来，海洋就是开放的象征，人类的开放历程，就是人类利用海洋、征服海洋的历程。习近平总书记曾指出，海洋经济是开放经

① 习近平：《发挥海洋资源优势 建设海洋经济强省——在全省海洋经济工作会议上的讲话》，《浙江经济》2003年第16期。

济……浙江之所以能成为全国开放的前沿阵地，浙江人民之所以具有比较强烈的开放意识，与我们濒临大海，较早参与海上经济活动息息相关。当前，世界经济呈全球化、区域化、一体化的发展趋势，浙江省委、省政府提出主动接轨上海，加强长三角地区经济合作与交流，主要考虑就是要进一步扩大对内对外开放。海洋是长三角经济圈的重要组成部分，是长三角二省一市走向世界的共同通道[①]。大力发展海洋经济，建设海洋经济强省，不仅有助于深度参与长三角一体化等国家重大开放战略，也将进一步增强宁波舟山港“硬核”力量，提高浙江自贸试验区发展能级，全方位优化形成参与国际海洋竞争与合作的新平台，重塑浙江对外开放竞争新优势，还可以高水平实现沿海港口与内陆腹地的互联互通、多式联运体系的无缝对接，以及自贸试验区各片区的联动发展、辐射发展，有力支撑浙江形成陆海内外联动、东西双向互济的对外开放新格局。

（二）浙江建设海洋强省的5个阶段

1. 习近平同志作出从海洋资源大省向海洋经济强省转变的战略部署（2003年）

2003年8月，时任浙江省委书记的习近平同志主持召开全省海洋经济工作会议，提出“海洋是浙江未来的希望，我省要在新一轮竞争中继续保持领先地位，必须进一步拓宽思路，开阔视野，走出一条具有浙江特色的海洋经济和陆域经济联动发展的路子”[②]。该会议明确以规划为先导，以科技进步和体制创新为动力，以港口城市为依托，以港口建设和临港工业为突破口，加快海洋资源综合开发，加强海洋基础设施建设和环境保护，努力从海洋大省向海洋经济强省跨越，把浙

①② 习近平：《发挥海洋资源优势 建设海洋经济强省——在全省海洋经济工作会议上的讲话》，《浙江经济》2003年第16期。

江省建设成为海洋经济综合实力强、海洋产业结构布局合理、海洋科技先进、海洋生态环境良好的海洋经济强省。同年，《中共浙江省委、浙江省人民政府关于建设海洋经济强省的若干意见》出台。

2. 浙江海洋经济发展正式上升为国家战略举措（2011 年）

根据浙江省委、省政府的统一部署，一批国家级重大涉海战略相继落户浙江。2010 年，浙江被确定为全国海洋经济发展试点地区。2011 年 2 月，国务院批复设立浙江海洋经济发展示范区（国函〔2011〕19 号），这是落地浙江的第一个国家级重大战略举措。同年 6 月，国务院批复设立浙江舟山群岛新区，这是第一个落地在直辖市以外的国家级新区，也是唯一以海洋经济为主题的群岛型新区。自 2011 年以来，浙江省政府先后批复设立了 15 个省级产业集聚区，其中有 10 个设在沿海地区。国务院批复浙江海洋经济发展示范区规划后，省政府又先后在沿海及海岛重点地区批准设立了象山海洋综合开发与保护试验区、玉环海岛统筹发展试验区、洞头海岛统筹发展试验区、嘉兴滨海港产城统筹发展试验区和大陈海洋开发与保护示范岛等一批省级海洋经济试验区，力求在相关重点地区和重点领域先行先试并谋求突破。2018 年 11 月，国家发展改革委、自然资源部发文设立浙江宁波和浙江温州海洋经济发展示范区。浙江初步构筑起以宁波、舟山为中心，温台杭嘉为两翼的海洋经济发展格局。

3. 海洋港口实质性一体化改革成为浙江海洋经济强省建设的突破口（2015 年）

2015 年，习近平总书记在浙江考察期间，对浙江工作赋予“干在实处永无止境、走在前列要谋新篇”的新使命，提出了“更进一步、更快一步”的总要求[1]，并再次对宁波—舟山港一体化进展情况给予了关注和指导。同年，浙江省委、省政府部署启动全省海洋港口一体化改革，作为浙江海洋经济强省建设的突破口、主引擎。2015年8月，成立浙江省海港投资运营集团有限公司（以下简称浙江省海港集团），加快推进全省海洋港口实质性一体化改革。2016年，首创成立浙江省海洋港口发展委员会，负责全省海洋经济和港口一体化统筹协调工作；同年，《国务院关于同意设立舟山江海联运服务中心的批复》下发，《浙江省海洋港口发展“十三五”规划》和《宁波—舟山港总体规划（2014—2030年）》等专项规划出台，深入推进港口功能布局和资源利用一体化统筹。

4. 大湾区建设行动计划开启全省陆海统筹发展新布局（2017年）

为贯彻落实党的十九大报告提出的“坚持陆海统筹，加快建设海洋强国”战略，2017年，浙江省第十四次党代会决策部署大湾区建设行动计划，重点建设杭州湾经济区，支持台州湾区经济发展试验区建设，争创温州海洋经济示范区，加强全省重点湾区互联互通，推进沿海大平台深度开发，大力发展湾区经济，着力打造习近平经济思想的实践样板，进一步增强了海洋经济高质量发展的平台支撑。2018年，浙江省委出台《浙江省大湾区建设行动计划》，提出超常规集聚一批成长性高、引领性强的先进制造业和现代服务业大项目、大产业、大集群，推动包括海洋经济在内的浙江现代产业体系建设迈向全球价值链中高端，成为区域高质量发展的新引擎和提升海洋经济国际竞争力的新支撑。

---

① 《推进“八八战略”再深化、改革开放再出发》，《人民日报》，2018年7月20日。

5. 全省域、全方位、系统性推进海洋经济发展，陆海统筹的海洋经济发展新格局已然成形（2020年）

迈入新征程，浙江省委、省政府立足“两个大局”、心怀“国之大者”，把海洋强省建设放到海洋强国建设中、新发展格局构建中、争创社会主义现代化先行省和高质量发展建设共同富裕示范区中系统谋划、一体推进。2020年，浙江高规格成立海洋强省建设工作专班，省政府主要领导亲自担任海洋强省建设工作专班召集人，建立常态化统筹协调机制，定期召开海洋强省建设推进会和工作专班例会，强化全省域海洋意识、沿海意识、开放意识，陆海统筹推进海洋强省建设。2021年，浙江省委、省政府先后出台了《浙江省海洋经济发展“十四五”规划》《关于加快海洋经济发展建设海洋强省的若干意见》，提出了建设“234”海洋产业集群，明确“十四五”时期海洋经济发展方向。同年10月，浙江省发展改革委制定实施甬舟温台临港产业带建设方案，提出着力打造绿色石化及新材料、临港先进装备制造、现代港航物流、海洋清洁能源、现代海洋渔业、滨海文化旅游等产业集群。2022年6月，浙江省第十五次党代会提出加快海洋强省建设，全省域高质量推进海洋强省的顶层设计已然形成。

三、“八八战略”实施二十周年浙江海洋经济成效

浙江认真贯彻落实习近平总书记关于海洋强国的系列重要论述精神，按照党中央、国务院关于海洋强国建设的战略部署，坚持全省域、全方位、系统性推进海洋强省建设，全力推动国家战略落地，努力探索建设国家经略海洋实践先行区，为海洋强国建设作出积极贡献。2002—2022年，浙江海洋经济生产总值从580亿元增长至10355亿

元，年均增长15.5%，海洋经济生产总值占地区生产总值比重上升至13.3%，海洋经济综合实力稳居全国第一方阵。

（一）海洋港口“硬核”力量持续彰显

2022年，宁波舟山港货物吞吐量连续14年位居全球第一，达12.6亿吨，集装箱吞吐量连续4年位居全球第三，达3335万标箱。

1. 强化强港建设顶层设计

围绕新时期港口发展形势，《关于深化宁波舟山港高水平一体化改革行动方案》等系列政策出台。特别是2022年以来，浙江省委、省政府高度重视，将建设世界一流强港作为全省发展牵引性、战略性抓手，成立了以省政府主要领导为组长的领导小组，出台了《浙江省世界一流强港建设工程实施方案（2023—2027年）》等文件，统筹推进强港建设。

2. 加快打造设施体系

谋划建设穿山、梅山、北仑、金塘—大榭、六横五大千万级集装箱泊位群和三大亿吨级大宗散货泊位群，同步谋划“两干、三纵、四横”沿海航道布局，整合铁路、公路、内河水运和管道等多种运输方式，形成四向辐射的集疏运大通道。

3. 加快打造技术体系

建立覆盖全省沿海港口的统一信息平台，实现港口运营业务协同联动、信息共享互联、资源有效融合。打造海港生产指挥中心数字化协同平台、专业性码头生产业务管理系统和拖轮、引航港口作业配套辅助平台，实现“船、港、货、航”全流程覆盖有效管理。集中攻坚集装箱、大宗散货码头智能化改造，率先建成“全程无纸化”业务流程，有效提升运营效率。

4. 加快打造管理体系

聚焦拖轮、引航、港口、口岸、海关等系列管理掣肘问题，集成交通、海关、口岸、政府、企业等多方资源，持续深化宁波舟山港一体化改革，实现跨港域双向开放、跨境贸易便利化。

5. 加快打造服务体系

充分调动地方政府积极性，放大港口自身特色优势，出台全省发展现代航运服务业总体方案，明确总体发展方向和具体任务。深耕品牌文化，发布“数话海丝[①]”产品，承办“海丝”港口国际合作论坛，提升港口知名度，打响宁波舟山航运服务品牌。

（二）现代海洋产业体系加快构建

浙江海洋经济三次产业结构持续优化，海洋传统产业转型升级步伐加快，海洋战略性新兴产业快速发展。

1. 强化顶层设计与项目招引

先后印发实施《浙江省现代海洋产业发展规划（2017—2022）》《浙江海洋强省建设“833”行动方案》《浙江省海洋经济高质量发展倍增行动计划》，进一步优化海洋产业布局，海洋产业新优势加快显现。成立海洋产业项目招引培育工作专班，研究制定《浙江省加快海洋产业项目招引培育工作实施意见》，推进实施“引航、盯引、筑基、育强”四大行动。招引落地金风科技温州深远海海上风电零碳总部基地、舟山绿色石化基地二期等一批重大项目全面投产。

2. 推动海洋产业结构优化

加快传统海洋产业提质升级，油气总量规模居全国第三，舟山建成全国最大的大型石化基地。推进船舶工业转型，舟山惠生海工成功交付全球最大的液化天然气模块装置，2022年海洋船舶工业增加值383亿元，同比增长14.7%，船舶订单量位居全国第四，修船总量占

① “海丝”即21世纪海上丝绸之路。

全国的 1/3 以上，全球修船企业十强中占 4 家；加快海洋渔业提质增效，大力推进渔场修复振兴，获批国家级海洋牧场示范区 9 个，2022 年全省海水养殖产量达 152 万吨，同比增长 9%，远洋渔业产量占全国比重 22%。宁波北纬 30° 最美海岸带、温州“168”沿海旅游带、台州 1 号公路、舟山海洋文化长廊等沿海旅游带成为浙江新名片。加快发展海洋新兴产业，海洋新能源、海洋新材料、海洋生物医药等产业集群初步形成，全国首台兆瓦级潮流能发电机投运，2022 年海洋药物和生物制品业增加值为 339.4 亿元，同比增长 7.8%，海水利用业增加值为 526.6 亿元，同比增长 14.5%。

（三）海洋科技创新能力加速提升

截至 2022 年底，浙江拥有海洋领域全国重点实验室 1 家、国家重点实验室 1 家、国家工程技术研究中心 2 家、省重点实验室及省部属科研院所数家，全职在浙院士 10 名、领军型创业创新团队 9 个、省万人计划杰出人才 13 名。在海水淡化、海洋碳汇、海洋立体遥感、潮流能开发、海洋工程防灾等领域取得了一批原创性科技成果。

1. 加快建设涉海重大科创平台

《浙江省科技兴海引领行动方案》印发实施，支持自然资源部第二海洋研究所（以下简称海洋二所）等争创海洋领域全国重点实验室，支持东海实验室进入国家实验室建设体系。支持甬江实验室、浙江大学积极参与涉海大科学装置建设。

2. 不断壮大海洋科技创新主体

截至 2022 年，浙江省累计孵化涉海创新型领军企业 3 家、高新技术企业 1129 家、科技型中小企业 2413 家。强化关键核心技术攻关和战略科技力量培育，攻克超高压柔性直流海缆等一批海洋领域“卡脖子”关键技术。

3. 强化海洋科技教育人才支撑

加大涉海类学科建设投入，发挥浙江大学、宁波大学“双一流”优势，进一步汇聚涉海类优势特色学科资源，支持浙江海洋大学申报博士学位授予单位，不断提升涉海类学科建设水平。加快引育高素质海洋专业人才。

（四）海洋开放合作能级不断提升

2022 年浙江省实现进出口总值 4.7 万亿元，增长 13.1%，出口和进口对全国增长贡献率分别为 18.5%、16.3%，分居全国第一、第二。浙江自贸试验区挂牌成立以来，探索形成 477 项制度创新成果，其中 149 项为全国首创，油气储备能力占全国的 20%，保税燃料油加注量跃居全球第五位。

1. 大力建设浙江自贸试验区

自 2017 年挂牌设立以来，浙江自贸试验区全力推进油气全产业链“一中心三基地一示范区”建设，被党中央、国务院评价为“建设取得阶段性成果，总体达到预期目标”。2020 年扩区以来，围绕中央赋予的“五大功能定位”，从油气全产业链拓展至新型贸易、航运物流、数字经济、先进制造等领域，持续深化制度创新、改革集成，取得明显成效。2022 年自贸试验区进出口总额 9669.6 亿元，占全省 20.6%；实际使用外资金额 34.84 亿美元，占全省 18.1%。自贸试验区所在地市跨境人民币结算量 12241 亿元，占全省 84.3%。

2. 深入推进陆海新通道建设

《浙江省义甬舟开放大通道建设“十四五”规划》《义甬舟开放大通道西延行动方案》印发实施，衢州作为西延战略支点被纳入大通道建设。2022 年，开行“义新欧”中欧班列 2269 列，线路辐射 50 多个国家 160 多个城市。

3. 建立山海协作新机制

浙江加快推进山海协作工程2.0版，实现“产业飞地”“科创飞地”“消薄飞地”山区26县全覆盖，构建山海项目共引、产业共建协作新格局。

（五）海洋生态保护与修复水平处在全国前列

浙江近岸海域优良海水比例从2003年的22.6%上升到2022年的54.9%，达到有监测数据以来的最高水平，四类和劣四类海水比例从64.7%下降到37.2%。主要入海河流（溪闸）水质均达标。全省海洋自然保护区和海洋特别保护区总数达14个。

1. 持续推进污染防治攻坚

率先在全国开展近岸海域水质四季监测，完成全省4453个入海排污口分类调整、监测、溯源工作。

2. 推进海洋生态环境保护修复

启动岸滩资源的养护修复，在全国首创并完善推进“湾（滩）长制”试点并被全国推广。温州洞头诸湾入选全国首批8个美丽海湾案例。台州“海洋云仓”船舶污染物防治系统获生态环境部肯定推广。

3. 实施美丽海洋建设行动

率先建设4条生态海洋带先行段，推进十大海岛公园建设，全面开展海洋碳储量和碳汇能力调查评估，出台《浙江省海洋碳汇能力提升指导意见》。

4. 创新建立海洋塑料污染治理体系

依托“蓝色循环”“海洋云仓”等平台，截至2022年，共收集处理海洋污染物5456吨，减少碳排放约2684吨。

5. 开发迭代“浙里蓝海”应用场景

实现省、市、县三级贯通，汇聚各类涉海信息15万余条，完成全省4453个入海排污口分类调整和“一口一档”基础信息维护。

（六）海洋空间资源要素保障水平不断提升

海洋空间资源保护利用水平加快提升，历史围填海处置水平全国领先，2022年累计获自然资源部备案同意单报方案21个，面积14727公顷[①]。截至2022年，累计完成了6000余个海岛地理实体的实地调查，设立海岛地名标志碑983个；累计完成海岸线整治修复360公里。

1. 强化海洋资源管理

深入实施海洋功能区划制度，完成省级、市县级海洋功能区划编制和编修。加快推进围填海历史遗留问题处置，创新用海审批制度改革，制定全国首个海域基准价格制度。

2. 加强海岛资源管理

制定关于无居民海岛利用审批、登记、招拍挂的具体办法，进一步规范无居民海岛有偿使用制度。

3. 增强海岸线管理

在全国率先全面完成全省大陆岸线和海岛岸线调查，出台全国首个省级地方标准《海岸线调查统计技术规范》。在全国率先启动大陆海岸线动态监视监测工作。

① 1公顷=0.01平方公里。

第二章

世界一流强港建设

港口是综合交通运输网的重要枢纽节点，是交通强国建设的重要组成部分，更是新时代海洋经济高质量发展的战略资源和重要支撑。我国是一个拥有众多港口的国家，港口总体规模位于世界前列，世界前十大港口中中国港口占了7席，形成了一批具有国际影响力的大港。近年来随着“加快率先建成世界一流强港和世界级港口集群”目标的提出，沿海港口积极响应推进，我国世界一流强港建设豪迈前行。浙江省在世界一流强港建设方面也取得了一定成效，特别是宁波舟山港，正积极为服务新发展格局提供“硬核支撑”，向建成世界一流强港目标不断努力，形成了一批先行先试典型经验做法，值得进一步研究与探讨。

一、全国港口发展现状

党的十八大以来，以习近平同志为核心的党中央高度重视港口发展，习近平总书记曾指出经济强国必定是海洋强国、航运强国①。习近平总书记多次亲临港口考察，2017年在广西北海市的铁山港考察时提出，写好海上丝绸之路新篇章，港口建设和港口经济很重要②；2019年1月17日在天津考察时强调，要志在万里，努力打造世界一流的智慧港口、绿色港口③；2020年3月29日在浙江考察调研宁波舟山港时指出，港口是基础性、枢纽性设施，是经济发展的重要支撑④，对新时代港口发展寄予殷切希望。2022年，我国沿海港口整体发展相对稳定，港口货物及集装箱吞吐量全球排名均稳中有升，环渤海、东南沿海港口生产增

---

① 《〈关于大力推进海运业高质量发展的指导意见〉政策解读》，中国政府网，2020年2月3日。

② 《习近平广西考察：扎实推动经济社会持续健康发展》，人民网，2017年4月21日。

③ 《天津港：加快建设世界一流绿色智慧枢纽港口》，天津市人民政府网，2021年3月29日。

④ 《习近平在浙江考察时强调：统筹推进疫情防控和经济社会发展工作 奋力实现今年经济社会发展目标任务》，中国政府网，2020年4月1日。

速明显。全国港口完成货物吞吐量157亿吨，同比增长0.9%。其中，沿海港口完成货物吞吐量123.5亿吨，同比增长1.3%。吞吐量超过2亿吨规模的沿海港口23个，14个港口在2亿吨至3.7亿吨区间，排名竞争较为激烈。其中，宁波舟山港吞吐量12.61亿吨，居全国沿海港口首位，也是全国唯一吞吐量突破10亿吨的港口。

（一）港口建设投资掀起新高潮

2022年以来，港口建设投资展现出良好的增长势头，一批重点工程加快推进，上海国际航运中心洋山深水港区小洋山北作业区集装箱码头等重点工程有序推进，宁波舟山港第二个“千万箱级”单体集装箱码头、南通港通州湾港区通用码头建成，广州港南沙港区四期、苏州港太仓港区四期等自动化集装箱码头竣工，深圳港盐田港区东作业区集装箱码头一期开工建设，青岛港前湾港区自动化码头三期加速推进，为经济社会发展提供了坚实保障。2022年沿海港口建设投资约670亿元，同比增长7.5%，2020—2022年连续3年呈现上升趋势，全年沿海地区净增万吨级泊位约65个。沿海各省份的投资情况存在差异，京津冀地区的省市投资出现分化，天津、辽宁沿海建设投资分别同比下降54%和81%。相比之下，河北和山东沿海建设投资则分别实现了3.8%和29.0%的增长。长三角、珠三角地区的省市均实现快速增长，其中江苏、浙江和广东的投资增长率分别为15%、28%和33%[①]。

（二）港口资源整合开创新局面

沿海港口资源整合全力推进，沿海省份“一省一港”格局初步形成，资源整合和一体化程度显著提升。上海国际港务（集团）股份有限公司（以下简称上港集团）、江苏省港口集团有限公司、南通港口

① 《2022年沿海港口发展回顾与2023年展望》，广州港口航运协会官网，2023年1月17日。

集团有限公司共同组建江苏沪通集装箱码头有限公司，携手运营通州湾吕四起步港区集装箱码头，更有力地服务国家战略，推动长三角一体化高质量发展。山东全面完成对森达美港的股权收购，向打造渤海湾港亿吨港口建设目标迈出关键一步。河北推进港务资源整合，拟组建河北渤海港口集团有限公司，进一步优化河北省港口布局，促进港口转型升级。同时，2022 年上海港港口能力扩充规划取得重大进展，罗泾港区集装箱改造一期将在 2023 年底为上海港补充 260 万 TEU[①] 吞吐量；沪浙已签署协议确保小洋山北作业区建设工程推进进度，随工程逐步建成落地，与干线集装箱码头形成联动，预计 2035 年能为上海港带来 1150 万 TEU 吞吐量。

【专栏 2-1】山东：世界级港口群建设提速

山东省委、省政府大力推动沿海港口资源整合，组建山东省港口集团。4 年来，山东省港口集团货物吞吐量连跨 4 个亿吨台阶，2022 年突破 16 亿吨，集装箱量较成立时增长 26.2%，突破 3700 万标箱。截至 2022 年底，山东沿海港口生产性泊位 638 个，总通过能力达 10.2 亿吨。拥有 20 万吨级及以上大型泊位 25 个，规模居全国沿海首位，拥有全球最大的矿石码头、原油码头、集装箱码头和邮轮专用码头[②]。

2022 年 7 月，国家相关规划赋予了山东沿海港口群与津冀沿海港口群、辽宁沿海港口群协同合作，共同打造环渤海世界级港口群的重大使命。建设世界级港口群，山东区位、

① TEU，全称 Twenty-foot Equivalent Unit，是国际标准箱单位。

② 《〈山东省世界级港口群建设三年行动方案（2023—2025 年）〉政策例行吹风会》，中华人民共和国国务院新闻办公室，2023 年 8 月 18 日。

资源优势明显，同年7月26日《山东省世界级港口群建设三年行动方案（2023—2025年）》正式印发，提出构建以青岛港国际枢纽海港为中心，日照港、烟台港等国家主要港口为两翼，威海港、潍坊港、东营港、滨州港等地区性重要港口为支撑，与津冀苏辽港口紧密合作互动的发展格局。未来3年，山东省世界级港口群建设涉及的续建项目和新开工项目将超过100个，总投资将达到3000亿元，3年内预计完成投资1000亿元左右。

资料来源：《数观区势丨山东：世界级港口群建设提速》，《中国经济时报》，2023年8月23日。

（三）自由贸易港建设再攀新高峰

2022年以来，海南全力推动自由贸易港建设成形起势，自由贸易港封关运作准备工作全面启动，原辅料“零关税”政策正面清单、交通工具及游艇“零关税”政策正面清单、“零关税”自用生产设备负面清单等三张清单有序实施，“一线放开、二线管住”试点扩区顺利实施，西部陆海新通道国际航运枢纽建设加快推进，跨关区保税油直供等创新举措成功落地，洋浦保税港区首次进入全国特殊监管区域A类行列[①]。上海自由贸易试验区临港新片区率先开展沿海捎带业务试点，2022年5月我国首单外资非五星旗船舶沿海捎带业务在上海港洋山港区正式落地。国内液化天然气（LNG）港口加注业务发展迅速，2022年3月，国内首单保税LNG加注业务落地上海港洋山港区，上海港成为继鹿特丹港、新加坡港后，全球第三个拥有“船到船同步加注保税LNG”服务能力的港口，同年9月和11月，舟山港和深圳港也进入了

① 数据来源：《2023年海南省政府工作报告》。

保税港口 LNG 加注名单[①]。

（四）智慧绿色港口建设迈上新台阶

以数字化助力赋能，港航作业单证和全程物流的电子化得到深入推进，非接触作业和无纸化作业得到广泛应用，集装箱电子放货平台已在大部分国际枢纽海港部署应用。集装箱自动化码头建设正加快推进，自主研发的自动化集装箱码头生产管理系统和设备控制系统逐步应用推广，广州港南沙港区四期全自动化码头作为全球首个江海铁多式联运全自动化码头、粤港澳大湾区首个全新建造的自动化码头正式投入运行，北部湾港钦州自动化集装箱码头作为全国首个海铁联运集装箱码头正式启用。传统码头的智慧化改造也在加快进行，全球首创传统集装箱码头全流程自动化升级改造项目在天津港全面竣工，唐山港完成专业煤炭码头装船机远控改造。在节能低碳技术方面，青岛港首创全球氢动力自动化轨道吊、试点应用氢能集卡，各地港口示范应用集卡、空箱堆高机、正面吊、叉车等电动港作机械。天津港、秦皇岛港试点开展了绿电交易，天津港建成全球首个"智慧零碳"码头，上海洋山深水港四期码头和黄骅港煤炭码头成为全国首批 2 个"五星级绿色港口"[②]。

二、浙江强港建设成效和挑战

2022 年，浙江紧紧围绕习近平总书记要求，在浙江省委、省政府坚强领导下，聚焦港口"四个一流"发展，全力推动、攻坚克难，高质量完成各项目标任务，宁波舟山港实现跨越式发展，初步迈入世界一流强港行列，取得了全面优化强港建设顶层设计等五大方面

① 《2022 年国内 LNG 港口加注业务发展迅速》，隆众石化网，2022 年 11 月 18 日。

② 《2022 年沿海港口发展回顾与 2023 年展望》，广州港口航运协会官网，2023 年 1 月 17 日。

的成效。同时，强港建设亦面临港口一体化仍存在体制性障碍、港口集疏运体系不够完善等四方面问题和挑战。下一步需要以更大力度、更快速度、更高标准、过硬措施，全面实施世界一流强港建设工程。

（一）强港建设取得阶段性成效①

1. 全面优化强港建设顶层设计

编制国际一流航运中心建设意见、世界一流强港建设工程实施方案、现代化内河航运体系示范省建设实施方案等政策文件，开展强港建设6个专题研究。按照省领导指示，开展强港领导小组组建、工作专班筹备和《浙江省世界一流强港建设工程实施方案（2023—2027年）》起草工作，方案于2023年初落地实施。完善强港建设相关规划，落实浙江省委、省政府重大决策部署，第一时间成立宁波舟山港总规修编专班，统筹构建“1个总报告+11个专题专项研究+8个子课题”体系，完成文本编制并报交通运输部审查。六横、衢山、梅山等5个港区规划调整获批。内河航道与港口布局规划印发实施，温州港、台州港规划修订，杭嘉湖绍、衢州、丽水港总规有序推进。

【专栏2-2】浙江省海港集团：当“硬核”，建“强港”

2016年11月，浙江省海港集团与宁波舟山港集团按“两块牌子、一套机构”运作，是全省海洋港口资源开发建设投融资的主平台，也是国内首家集约化运营管理全省港口资产的省属国有企业，打造了全国区域港口一体化改革“浙江样

① 本部分数据来源：浙江省交通运输厅。

板”。集团旗下企业超300家，人员超3万人，业务涵盖港口运营、开发建设、航运服务、金融四大板块。截至2022年底，集团资产总额达1760亿元，净资产1040亿元。集团旗下的宁波舟山港是我国重要的集装箱远洋干线港，国内最大的铁矿石中转基地和原油转运基地，国内重要的液体化工储运基地，华东地区重要的煤炭、粮食储运基地，是国家主枢纽港之一，成为对接“一带一路”的重要枢纽，是中国南方海铁联运业务量第一大港。

2020年3月29日，习近平总书记在宁波舟山港考察时指出，要坚持一流标准，把港口建设好、管理好，努力打造世界一流强港，为国家发展作出更大贡献①。这为浙江推进强港建设提供了根本遵循和行动指南。与世界一流港口对标，即对标“一流设施、一流技术、一流管理、一流服务”，全力推进世界一流强港建设，是浙江海港阔步前进的重要动力和保障，也是强港建设取得佳绩的根本原因。

始终秉持“以优质服务铸强港标杆”的质量理念。改革开放以来，宁波舟山港集团实施了客户战略、效率战略、增值战略等系列质量战略；2015年提出了建设全球一流现代化枢纽港、全球一流港口运营集团，致力追求“全球一流”的发展质量；2020年确立了“6435”质量战略，凝练形成了“一核四共双循环”质量管理模式。宁波舟山港率先实现集装箱进出口业务全程“无纸化”，各类货种装卸损耗率远低于行

① 《开放发展，合作共赢创新局》，中国政府网，2020年12月20日。

业损耗标准。宁波舟山港集团荣获中国质量奖，成为全国港口首家和浙江首家获此殊荣的企业。

聚焦数智赋能和低碳发展，高起点加快建设一流强港。宁波舟山港集团坚持科创引领，推进智慧港口建设，实现绿色低碳转型。梅山港区是宁波舟山港建设智慧港口的先行地，是国内少有的已实现“装卸设备远控+智能集卡”自动化作业的集装箱码头，并实现了智能集卡和人工集卡规模化有序混编作业。在节能减排方面，码头采用光伏技术对部分设备供能。同时，码头泊位的岸电覆盖率也达到了100%，为在港期间的船只提供清洁能源。

资料来源：浙江省海港集团。

2. 港口设施支撑能力持续增强

截至2022年，建成梅山港区二期10#泊位、金塘大浦口4#和5#泊位等万吨级以上泊位6个。宁波舟山港重点基础设施项目主体工程开工建设。小洋山区域合作开发协议正式签署，小洋山北作业区项目开工建设。条帚门、鱼腥脑航道签订多方建设协议并完成项目立项，宁波舟山港国家物流枢纽基础设施建设项目开工建设。建成京杭运河八堡船闸、曹娥江上浦船闸、金华港罗洋作业区等内河项目，截至2022年，新增内河高等级航道29公里、500吨级以上泊位54个。状元岙港区二期、新坝二线船闸等13个在建项目全面提速，东宗线湖州段和常山江航电枢纽顺利开工，独山港区海河联运等3个交通强省项目提前开工。加快谋划推进六横LNG码头、杭申线、钱塘江“四改三”等项目前期工作。

【专栏 2-3】嘉兴市：建设长三角海河联运枢纽

嘉兴港属于国家一类开放口岸，是长三角地区重要港口，也是全国为数不多的海河联运港。2022 年，嘉兴港共有生产性泊位 123 个，其中外海 54 个（万吨级以上 41 个），货物吞吐能力达 1.1 亿吨。区域内现有杭平申线等定级航道 224 条，航道总里程 1978 公里，其中三级航道 163 公里，四级航道 192 公里，四级以上高等级航道 355 公里，占比达 18%，航道密度达 50 公里 / 百平方公里，通航总里程、高等级航道里程位列全省第一，航道密度在全省、长三角中心城市中均位列第一。根据《劳氏日报》公布的 2022 年全球百大集装箱港口排名，嘉兴港位列全球第 75，较去年上升 8 位，全球排名实现五连升，吞吐量增速位列全国港口第一。

固底板，成为建设交通强国省域范例的重要抓手。同步建设 4 条千吨级航道，先后建成了湖嘉申线航道一期工程等一大批高等级航道，补齐了水运发展基础性短板。鱼腥脑航道提前开工并建成，同步提升金山航道通行效能，加快开工建设嘉兴港外海进港航道疏浚一期工程，加速形成外海进出“双通道”格局。通过黄姑塘支线、乍嘉苏线、海塘支线及何家桥线实现与嘉兴港独山、乍浦和海盐三大港区无缝对接，千吨级海河联运船舶由此畅行无阻。

提能力，成为加快建设世界一流强港的重大增量。加快构建“一枢纽、十通道、八联”的海河联运总体布局，形成至上海、江苏、安徽、钱塘江中上游和江西等五大长三角内河通道，至长江经济带、华北港口及华南港口三大国内通道，以及至东北亚、东南亚两大近洋通道。稳固现有浙北集装箱源，拓展对苏南、皖南地区的市场空间，进一步拓宽长江沿线、中西部的物流通道，加快建设世界一流强港，助推宁波舟山港建设“世界第一强港”。

扬优势，成为经济稳进提质攻坚行动的重要支撑。深化嘉兴港与宁波舟山港的战略合作，目前，嘉兴港、宁波舟山港已成为省内合作最为紧密、成效最为明显的两大港口，为全省港口资源整合、协同发展提供了成功范例。以政策引力，增市场活力，2019年出台《嘉兴市集装箱海河联运资金补助操作办法》，对从事浙北集装箱“海河联运”业务的内河航运企业、内河港口码头企业，在扶持范围内按100元/标箱给予补助，同时减收货港费，2022年一年减免货港费589.5万元。

资料来源：嘉兴市港航管理服务中心。

3. 航运服务保障能力持续提升

加大航线拓展力度，2022年宁波舟山港航线总数超300条，其中国际集装箱航线达248条（“一带一路”国际航线突破100条），与全球600多个港口有业务往来。大力发展特色航运服务业，2022年保税燃料油加注量突破600万吨，全球排名提升至第五位。年进出港船舶110万艘次，船舶交易量占全国的30%，船舶修理能力占全国的50%。外轮供应货值、船舶交易额、外轮修理产值、海事服务产值均实现15%左右的增长。加快培育高端航运服务业，创新发展航运保险、船舶融资租赁等特色金融服务，航运保险保费收入5.5亿元，进出口信用保险累计支持企业6334家，共302.8亿美元。

4. 推进四港联动协同发展

以海港为龙头、陆港为基础、空港为特色、信息港为纽带，实施“七个一”举措（建立一套工作机制、成立一个营运主体联盟、规范一套多式联运的服务标准、建立一体化通关协作机制、构建一套多式联运设施体系、搭建一个数据平台、推行一批联动示范项目）。牵头组建运营商联盟和实体化公司，联盟成员单位达 81 家，上线“智慧物流”云平台，服务企业用户超 1 万家。宁波—金华城市群获评首批国家综合货运枢纽补链强链城市，这也是长三角地区唯一入选的，2022 年争取到国家奖补资金 30 亿元。2022 年完成海铁联运业务箱量 145 万标箱（位居全国第二，仅次于青岛），同比增长 20.6%；海河联运量达 143 万标箱，同比增长 17.3%。

【专栏 2-4】金华市：区港联动，陆海联运

金华地处“浙中之心”，是生产服务型国家物流枢纽承载城市。华东国际联运港是金华落实国家双循环战略、打造生产服务型物流枢纽的重要支撑平台，金义综合保税区是“自贸区 + 综保区”，是我国开放层次最高、优惠政策最多的特殊开放区域，也是金华打造的对外开放新高地和新引擎。金华市交通投资集团有限公司以义甬舟开放大通道为主轴，以华东国际联运港和金义综保区为依托，以“义新欧”中欧班列为纽带，以海铁联运为支撑，聚焦建设现代物流中心与对外贸易中心，区港联动，畅通陆海联运体系，2023 年成功创建以华东国际联运港和金义综保区为载体的省现代服务业创新发展区，全力打造高能级对外开放平台。

夯实物流基础要素，全方位推动集疏运体系建设。整合公、铁、水交通资源，发展国际班列、海铁联运、公铁联运等运输组织模式，不断深化金甬双向联动陆海体系。围绕“一轴两核三区多平台”的国际陆港发展整体布局，加速布局高效通达的对外开放通道，全力争创中欧班列集结中心，加速组建“第六港区”运营平台，重塑综合立体物流新格局。

放大枢纽综合优势，高水平打造现代物流枢纽中心。港区建设加快推进，特瑞跨境电商产业园项目完成竣工验收，普洛斯国际物流园项目2023年第三季度投入运营，中铝大宗商品物流园、复星铁路快运物流等项目开工建设，总部中心项目计划2023年底开工建设。深化与浙江省海港集团合作，招引中铝集团、复星集团等头部企业，培育特色产业集群，打造具有较强竞争力的枢纽经济。

推动数字改革创新，赋能产业贸易结构转型升级。金义综合保税区成功打造浙中大宗商品交易数字化服务系统、“综保惠”购物平台等线上平台，开发信息化系统实现数字化清关。交通运输研发设计“数智港区”运营管理荣获2023年国务院国资委国企数字场景创新应用研发设计类一等奖。通过多式联运的高效组合，推进与宁波舟山港数据互通，推动通道两端贸易互动，加快构建金华“东西双向互济，陆海内外联动”的开放大格局。

资料来源：金华市港航管理局。

5. 打造智慧绿色平安港口

智慧方面，依托新一代信息技术，率先实现梅山“千万级”大型集装箱码头远控自动化生产运营，并形成全国领先的自主创新技术。绿色方面，在全国率先出台省级岸电奖补政策，各项绿色低碳指标，位居长江经济带各省市前列。实现船舶港口水污染物闭环管理、接收设施“全覆盖”，获交通运输部发函表扬。安全方面，实现港口危险货物企业重大危险源100%受控，港口大型油气储罐安全风险100%管控。

【专栏2-5】湖州市：长三角生态绿色中心港绿色低碳降本增效

长三角生态绿色中心港作为集公路、铁路、水路、金融、信息“五港合一”的多式联运区，利用物流与供应链优势，助力南太湖新区建设物流高端产业平台。在多式联运模式下，货物从湖州到上海或宁波，使用40英尺[①]的集装箱运输比公路运输可节省800元至1000元，直接帮助企业的综合物流成本降低30%～40%，且运输时效提升，同时移动源大气污染物排放减少，更加绿色低碳。一列编组55辆的货运列车或满载64标箱的船舶，载运量可抵近百辆重载汽车，而能耗和排放量分别仅有重载汽车的1/7和1/13。

多式联运“优”模式。依托湖州铁路西货场和湖州上港码头，协同链接上海港、宁波舟山港等物流枢纽，推动上海港和宁波舟山港功能前置，创新形成“中西部—湖州—上海港/宁波舟山港”海铁联运、河海联运、铁水联运综合物流系统模式。2022年，湖州铁路西货场集装箱运输达22万标箱，同比增长10%；湖州上港码头连续6个月单月吞吐量过万标箱，当年完成吞吐量11.6万标箱。

① 1英尺=30.48厘米。

绿色低碳“提”效能。依托铁、公、水多式联运优势，将多式联运作为实现碳达峰、碳中和目标的突破口，强化中心港承东启西、连南接北的物流联动作用，消除铁、公、水各单位之间的沟通、业务、运输等障碍，实现企业降本增效。使用集装箱运输，除直接减少运费成本外，预计每年减排大宗货物运输产生的氮氧化物1200吨、颗粒物60吨、二氧化碳112500吨，具有较为明显的污染物和二氧化碳减排效益，形成物流合力，实现共促共赢。

创新监管“强”力度。湖州南太湖新区投资促进局与各街道、保税中心形成工作联合体，全面推进惠企工作，形成“周例会”工作机制。通过提供惠企政策上门宣传服务，让企业及时、精准了解相关优惠政策，引导企业转变运输方式，带动中心港箱量稳步提升。加快海关监管区建设，完善湖州港外贸报关能力，扩大影响力，吸引更多货源，提升港区能级。同时加快中心港综合服务中心建设，设立公路港、信息中心、冷链中心等配套功能，完善园区公共服务，致力于打造低成本、高效率的运输体系。此外，紧抓一体化发展，开展与浙江省海港集团、上港集团的合作，加强与沿海港口的系统互动，助力现代物流体系构建，降低物流成本。

资料来源：湖州市港航管理中心。

（二）强港建设面临的问题和挑战

1. 港口一体化仍存在体制性障碍

对照宁波舟山港“四统一”（统一品牌、统一规划、统一建设、统一管理）改革方向，目前港口在一体化管理方面仍需进一步加强。宁波舟山港港域分属宁波、舟山两市，一些沉于底部的深层次体制问题凸显，影响了一流强港建设。如宁波舟山港拖轮仅限在宁波、舟山各自港域内运营，不能跨港域统筹调度使用；一个港口存在两个引航机构，同一艘需引航船舶由一港域到另一港域时，需由宁波、舟山引航机构各自分段引航等。

2. 港产城融合建设推进有待加强

部分临港产业项目布局与港口总体规划功能设置匹配度不够，造成项目落地难；宁波集装箱港外堆场、集卡停车场“两场”能力不足、布局不合理，90% 集中在北仑区，城市交通与疏港交通混行严重。港产城融合发展需要城市与港口发展的融合度较高，但目前城市和港口发展存在分离的情况，城市和港口之间的联系不够紧密。

3. 港口集疏运体系有待完善

2022 年宁波舟山港集装箱吞吐量为 3335 万标准箱，位居全球第三，但在集装箱集疏运方面严重依赖公路运输，约 3/4 集装箱集疏运通过公路直拖运输，为城市发展和生态环境带来较大压力。铁路支线、场站作业能力等仍受制约。江海河、海铁联运起步较晚，虽然上升较快但总量占比较低，如海铁、海河联运量总量比例均为 3.8%，远低于欧美主要港口；杭甬运河通而不畅，江海联运“散强集弱”问题突出。

4. 航运服务业发展能级有待提升

宁波舟山新华·波罗的海国际航运中心排名与新加坡（第一）、伦敦（第二）、上海（第三）等仍有较大差距，特别是现代航运服务业排在全球第 15，国际影响力较低，航运金融保险、海事服务等高端业态短板明显。主要原因是一方面受长期以来形成的航运地位、规则话语权以及城市能级、开放性政策等影响，另一方面浙江还存在高层级、整体性、引领性的战略框架不足，前瞻性、战略性谋划比较缺乏，宁波舟山港“一港两港政”“一港两海关”等核心问题尚未解决。

三、浙江强港建设未来展望

浙江强港建设要牢牢锚定“全国领先、世界前列”坐标系，稳步提升港口核心竞争力、聚合支撑力、辐射带动力，以更大力度、更快速度、更高标准、过硬措施，全面实施世界一流强港建设工程。

（一）全力保障重大政策落地实施

加快推动宁波舟山港总体规划修订获交通运输部批复。力争完成杭嘉湖等3个内河港总规修订并获批复，力争温州港总规获批复，推进丽水、衢州、绍兴等港口总规修订。加快“十四五”水运规划中期评估调整，完善水运重大项目储备库。全力确保强港改革意见落地实施，聚力做实宁波—舟山港管理委员会、设立世界一流强港专项资金、“四港联动”信息港整合、港产城融合等重大改革举措，进一步谋深谋实谋细改革方案，加强与各相关单位的沟通对接，争取以浙江省委、省政府名义出台强港改革若干意见，省市配套出台一批支持强港建设政策。

（二）全力确保强港基础设施建设升级

打造穿山港区、北仑、金塘—大榭、梅山、六横等五大千万级集装箱泊位群，加快鼠浪湖码头等大宗散货专业化泊位建设，扩能条帚门航道等进出港主通道，提升货物吞吐能力。推进梅山二期、金塘大浦口等自动化作业集装箱码头及鼠浪湖智能化散货码头建设。加快“互联网+”数字强港平台建设。着力畅通沿海港口与干线铁路网络运输通道，构建完善北向通道、西北向通道、沿江通道、东南亚通道和沿海通道辐射网络。畅通内河航运通道网络，形成京杭运河、杭甬运河、钱塘江“Y”形内河千吨级航道主骨架，加快构建由甬金衢上、杭绍甬高速公路形成的南北外绕疏解体系。

（三）全力推动航运服务业高质量发展

统筹谋划航运服务业发展，制定印发航运服务业实施方案。加快构建航运服务业统计监测体系。做大特色航运服务业，推动保税燃油突破 650 万吨，力争实现全球加油港排名“保 5 争 4”目标，争取实现船供船修船交产值 15% 以上增长。继续加大高端航运服务业引育工作力度，确保新引进航运金融与保险、海事仲裁及法律服务、航运教育咨询、航运交易等港航企业各 1 家以上，总数 5 家以上。全力争取实现新华·波罗的海国际航运中心发展指数排名“保 10 争 9”目标。

（四）全力推进一批重大港航物流项目

港口基础设施方面，确保宁波舟山港重点基础设施项目、小洋山北等重大港口项目完成年度投资计划，加快推进六横（佛渡）港区千万级集装箱泊位群建设工程。深化金塘—佛渡—六横三岛完成一体开发方案研究，明确建设方案和时序。集疏运方面，浙北集装箱主通道实现 4 条航线 64 标箱船通达嘉兴港；甬金铁路双高示范线试验段全线建成；北仑铁路支线复线开工建设；梅山铁路支线明确出资比例。“两场”设施方面，北仑灰库、半山危险品堆场开工建设。

第三章 现代海洋产业发展

海洋产业是海洋经济的核心组成部分，已高度渗透到部分国家的国民经济体系，成为经济发展重要增长点。经济合作与发展组织（OECD）2016年发布的报告通过对169个国家的海洋经济数据库进行初步计算，认为世界海洋强国和大国海洋经济的GDP占比大多为7%～15%。全球海洋经济呈现以下趋势：一是海洋经济增长速度超过全球整体经济增速，在全球经济中的占比将进一步扩大；二是全球海洋产业发展格局加快调整，海洋经济重心向亚洲转移；三是海洋科技创新步伐加快，创新驱动日益成为海洋产业发展的主要动力；四是地区一体化规则有望成为重要推动力量，《区域全面经济伙伴关系协定》（RCEP）等孕育巨大商机。

一、全国海洋产业发展现状

习近平总书记高度重视海洋工作、关心海洋事业发展，围绕建设海洋强国发表一系列重要论述。2018年3月8日，习近平总书记在参加十三届全国人大一次会议山东代表团审议时强调海洋是高质量发展战略要地。要加快建设世界一流的海洋港口、完善的现代海洋产业体系、绿色可持续的海洋生态环境，为海洋强国建设作出贡献[①]。2019年10月15日，习近平总书记进一步指出要加快海洋科技创新步伐，提高海洋资源开发能力，培育壮大海洋战略性新兴产业[②]。

---

① 《绘就千里海景图——山东建设海洋强省的实践和启示》，光明网，2023年4月28日。

② 《习近平致信祝贺2019中国海洋经济博览会开幕强调 秉承互信互助互利原则 让世界各国人民共享海洋经济发展成果》，求是网，2019年10月15日。

（一）中国海洋产业体系构建初具规模①

传统海洋产业提质增量。海洋船舶工业等传统海洋产业增势良好。2023年，我国造船大国地位进一步巩固，市场份额已连续14年居世界第一。全国造船完工量4232万载重吨，同比增长11.8%；新接订单量7120万载重吨，同比增长56.4%。2023年12月底，手持订单量13939万载重吨，同比增长32.0%。市场份额首次全部超过50%，较2022年分别增长2.9%、11.4%和6.0%。龙头船企国际竞争力不断增强，分别有5家、7家和6家企业位居世界造船完工量、新接订单量和手持订单量10强。中国船舶集团造船三大指标在全球造船集团中位居第一。2023年，全国规上船舶企业实现主营业务收入6237亿元，同比增长20.0%；实现利润总额259亿元，同比增长131.7%。海洋新兴产业不断突破。海洋药物和生物制品企业经营总体稳定，有53.3%的海洋药物和生物制品企业营业收入实现同比增长。

海洋能源供给能力稳步提升。继潮流能实现稳定商业化运行后，温差能、波浪能也相继进入工程化运行或发电试验。20千瓦海洋漂浮式温差能发电装置完成海试，首次在实际海况条件下实现海洋温差能发电原理性验证和工程化运行。我国首台自主研发兆瓦级漂浮式波浪能发电装置“南鲲”号完成研建。

涉海企业生产经营情况总体改善。营收、利润实现同比增长的企业占比接近60%。分行业来看，多数行业保持平稳发展。其中海洋旅游业、海洋船舶工业、海洋电力业、海水淡化与综合利用业经营情况较好，均有超七成的企业营收实现增长，超六成涉海企业预计全年营业收入实现增长，超八成涉海企业预计全年平均用工人数会增加或保

① 《“蓝色引擎”持续发力——2023年前三季度海洋经济运行情况解读》，海洋能源网，2023年11月21日。

持稳定。未来，海洋电力、海洋工程装备、海洋旅游业预期更为乐观。

（二）中国海洋产业仍受诸多制约

海洋资源类产业发展受能力制约。涉及国家安全、民生保障领域的产业发展水平和能级相对不高。海洋油气方面，全国海洋油气资源的总量探明程度仍较低，无整体开采规划。大量的油气资源蕴藏在深水海域，但现有油气勘探工作主要集中在近海海域，深水油气勘探开发成本居高不下，深海油气勘探的核心技术有待进一步攻关。海洋渔业方面，我国渔业资源养护的基础科学研究不足、生态管理仍待增强，近海渔业资源衰退的趋势仍未得到根本遏制。养殖自动化、智能化水平不高制约海洋牧场发展，水产种质培育速度慢、拥有自主产权的种苗技术相对较少，制约水产养殖自主可控。海水淡化产业方面，海水淡化水尚未被纳入国家水资源配置体系，现有的国家标准难以解决生产、输送、饮用过程中出现的各种卫生安全问题。

【专栏 3-1】欧盟：综合关于海洋的数据，精确绘制海底地图

2014 年欧盟推出《蓝色经济创新计划》，其重点是整合海洋数据，绘制海底地图；加强国家间的海洋经济往来，促进科技成果转化；开展针对海洋从业人员的技能培训，提高科研技术，创造出更多的蓝色经济。

综合关于海洋的数据，精确绘制海底地图。大量投资海洋观测系统，获取和整合大量的海底数据，使海底水文、地质和生物等方面的观测数据符合实际研究工作需要，进而绘制海底地图。完善和整合观测的海洋数据，以此建立相关网络；促使从海洋观测数据网络获取数据更加便利、自由、可操作性强；建议开放部分海洋数据；将欧洲设立的专门的海洋与渔业基金用于海洋微生物观测和海底地形地貌勘探，建立相关的协调机制。加快海洋科技成果的转化。欧盟在海洋跨国合作上加大了宽度，与加拿大和美国进行跨国海洋合作，成立了大西洋海洋研究联盟。建立和完善现有的信息系统，并建立一个信息共享平台，为海洋研究项目提供信息，方便分享研究成果，为研究成果从实验室走向市场搭建桥梁，支持和鼓励快速转化科技成果。

多种途径提升海洋从业人员的技术水平。欧盟认为，开展技能培训，提高海洋从业人员的技术水平是发展蓝色海洋经济的必经之路，为此，欧盟成立涉海学院和实训基地，从理论和实践两方面着手培育海洋人才，并且鼓励涉海企业和涉海学院合作，根据市场和科研需求，更有针对性地培育涉海人才。激励更多科研人员留在欧洲继续做科研，吸引全世界的高级人才留欧工作，积极鼓励海洋工作者做科技研发。从数量和质量上提高欧洲海洋的科研水平，并通过教育培训、企业孵化器等促使科研转化为成果。

资料来源：王殿华、赵园园，《国外海洋经济创新示范区发展的借鉴及启示》，《理论与现代化》2019年第5期。

港航物流服务业发展受水平制约。中国各港口在集装箱吞吐量、货物吞吐量等“硬实力”指标上遥遥领先，但在航运金融、海事仲裁等“软实力”指标上相比伦敦、新加坡仍有差距。全球航运融资市场中，伦敦作为国际航运中心，其航运融资市场份额达到18%；我国所提供的资金和服务仅占世界的6%～7%；在资金结算方面，国内主要银行无法充分满足航运企业资金集中结算和外汇结算的需要。高端衍生服务尚处初级阶段，中国在航运金融衍生品市场发展起步晚，仍存在航运衍生品监管体系不足、缺乏航运衍生品集中交易市场、专业人才缺乏等短板，与世界领先的航运金融中心存在明显差距，对国内外航运企业无法充分提供套期保值与规避风险等服务。上海受理的海事仲裁案件数量不足新加坡的1/3、伦敦的1/9。国际船舶登记进展较慢，中国内地船舶登记规模为世界第七，注册船队载重吨位规模约为中国香港的1/2、巴拿马的1/3。在航运科技的数字化和减排方面缺少具有引领性的产品，缺少全球知名船舶管理公司、经纪公司。没有借助相关国际组织建立具有引导性的航运标准和规范。缺乏具有复合能力的人才和组织。此外还存在大宗商品贸易资质配额受限、外贸船舶沿海捎带未推广等问题。

临港先进制造业发展受科技制约。我国造船业的优势主要集中于总装，配套系统的品牌及维护优势并不突出。其中，甲板机械、舱室机械的国产配套率较高，通导系统则相对较弱。中国目前船舶大部分关键零部件均为国外进口，尚未实现国产化，对船舶通信、导航、自动控制系统、电子电气设备、船机芯片、曲轴、活塞环等进口船舶配套产品依赖程度较高，船舶工业发展无法保证自主可控。此外，在船舶节能减排的关键配套技术领域尚未开展系统性研究，高效节能、减振降噪、新材料等方向的科研力量未形成合力。绿色船舶部分核心配套设备的核心技术，如双燃料发动机、薄膜围护系统等仍依赖国外专利拥有者。我国高端军工装备、深海装备的产业化水平仍然落后欧美国家，以普通船舶和浅海海工装备制造为主，高端特种船舶、大洋性渔船装备和深海、极地海工装备的制造企业屈指可数，声呐探测仪器设备、水下机器人亟须突破关键技术。

（三）中国海洋产业发展态势良好

对标国际发展经验，东京湾、纽约湾等世界级湾区都经历了从港口经济、工业经济到服务创新经济的转变，实现了高速增长。目前我国正处于工业经济向服务创新经济发展的关键阶段，海洋经济具备高速发展潜力。

海洋渔业持续优化。沿着养殖、加工、物流和销售产业链发展，孵化出了观光旅游、休闲海钓等新消费场景。搭载自动投饵、鱼群监控、水体监测等智慧化养殖设备投入使用，“海威 2 号”下水投产，“明渔一号”正式撒网，“深蓝 2 号”出坞。广州南沙现代农业产业集团创建了“南渔汇”预制菜品牌；广东恒兴集团开发 200 多款海产品预制菜。

海洋清洁能源持续优化。风电安装平台“海峰 1001”投入试运行；深远海浮式风电装备“扶摇号”运行发电；兆瓦级漂浮式波浪能发电装置“南鲲”号完成研建；20 千瓦海洋漂浮式温差能发电装置完成海试。我国首座深远海浮式风电平台“海油观澜号”正式投产，海上风电为油气平台供电，助力海洋油气与新能源融合发展。全国首个大规模近海桩基固定式海上光伏项目——中广核烟台招远 400 兆瓦海上光伏项目开工。

临港装备制造持续优化。“海上风电 + 海洋牧场 + 海水制氢”融合示范项目稳步开展，海洋油气、深海养殖、海上风电产业的发展带动海洋工程装备需求持续旺盛，设备国产替代和技术创新亮点频出。大型船舶国产化进程加快，大型邮轮、工程船、科考船等领域频现重大技术突破。船舶工业瞄准绿色低碳转型，绿色船舶不断取得进展。万吨级远洋通信海缆铺设船“龙吟 9 号”交付；大洋钻探船“梦想”号首次试航成功。国产大型邮轮“爱达 · 魔都号”开启国际商业首航；中国豪华游艇交付美国、澳大利亚、东南亚、中东等地区。船舶加氢站、岸电站等重大基础设施相继投入使用，保障绿色船舶投入运行。

中国船舶集团有限公司与法国达飞海运集团合作建造清洁燃料动力船。

海洋油气产业持续优化。“深海一号”二期工程全面启动，我国压力最高深水井完成钻井作业；“海上油气加工厂”——“海洋石油 122”完成主体建造，燃气轮机“太行 7”点火成功，深水水下生产系统投入使用，填补多项国内空白。海洋地震勘探拖缆成套装备列装深水物探船，首次完成超深水海域地震及油气勘探作业。AI 融合地震处理解释技术、智能钻完井、海上无人平台以及勘探开发一体化协同平台等成为研究热点。

海洋交通运输持续优化。海运贸易航线持续丰富，助力推进“一带一路”建设。辽宁港口集团营口港南美钢材新航线正式开通，大连口岸德翔菲律宾航线正式投入运营，“中国防城港 – 柬埔寨七星海国际港口”在北部湾港防城港码头 1 号泊位举行首航仪式。国际邮轮全面复航，同时，国内邮轮市场中中资邮轮的市场份额出现了增长，经营主体更加多元化。

二、浙江海洋产业发展成效和挑战

习近平总书记在浙江工作期间亲自擘画了建设海洋经济强省的宏伟蓝图，将“进一步发挥浙江的山海资源优势，大力发展海洋经济”作为“八八战略”的重要内容之一。习近平总书记 2015 年和 2020 年两次考察浙江期间对浙江海洋经济发展作出具体指示，为新时代浙江海洋强省建设指明了方向、提供了根本遵循。浙江省委、省政府牢牢把握“建设海洋强国是实现中华民族伟大复兴的重大战略任务”的重要论断、“让海洋经济成为新增长点”的主攻方向、“推动海洋科技实现高水平自立自强”的关键支撑、“努力打造世界一流的智慧港口、绿色港口”的硬核举措、“构建蓝色经济伙伴关系”的宏大格局、“像对待生命一样关爱海洋”的工作要求，将海洋作为浙江发展的最大优势、最大潜力、最大空间所在，全力推动国家战略落地，积极参与海洋强国建设。

（一）海洋产业发展阶段性成效

1. 注重高位谋划，强化顶层设计

《浙江省现代海洋产业发展规划（2017—2022）》《甬舟温台临港产业带建设方案》先后编制印发，推进新一轮“环杭州湾产业带高质量发展规划”“温台沿海产业带高质量发展规划”编制工作，着力发展“234”世界级临港产业集群，即以绿色石化为支撑的油气全产业链集群、临港先进装备制造业集群两大万亿级临港产业集群，港航物流服务业、现代海洋渔业、滨海旅游三大千亿级临港产业集群，海洋数字经济、海洋生物医药、海洋新材料、海洋清洁能源四大百亿级临港产业集群。

2. 海洋产业发展持续向好

初步测算，2022 年浙江省海洋产业生产总值 10355 亿元，其中海洋产业增加值 4882 亿元，海洋科研教育管理服务业增加值 1797 亿元，海洋相关产业增加值 3676 亿元，海洋生产总值占 GDP 比重为 13.3%，海洋经济在国民经济中的地位稳步提升。2022 年全国主要沿海省市海洋产业指标见表 3–1。

表 3–1 2022 年全国主要沿海省市海洋产业指标

指标名称	广东	山东	福建	浙江	上海	江苏
海洋生产总值（亿元）	18033	16303	11515	10355	9793	9046
海洋产业生产总值占 GDP 比重（%）	13.9	18.6	21.7	13.3	21.9	7.3
海洋产业增加值（亿元）	6486	7227	4938	4882	2685	3416
海洋科研教育管理服务业增加值（亿元）	6159	2840	1679	1797	3011	1975
海洋相关产业增加值（亿元）	5389	6236	4899	3676	4096	3656

资料来源：自然资源部。

3. 两大万亿级临港产业集群保持快速增长

2022年绿色石化产业实现增加值680.6亿元，同比增长24.9%，增速持续保持首位。舟山4000万吨/年炼化一体化项目全面投产并稳定运行，宁波绿色石化集群作为唯一石化产业集群入选国家先进制造业集群名单。2022年海洋装备制造与工程建筑业实现增加值1181.6亿元，同比增长6.7%，涉海装备制造实力显著增强。温州总投资123亿元的瑞浦新能源制造基地开工，总投资超百亿元的洞头风电零碳产业园项目已签订协议书，投资26亿元的深远海海上风电海工装备制造项目签约落地。宁波东方电缆、日月重工等涉海企业入选宁波市制造业“大优强”培育名单。船舶工业2022年实现总产值373亿元，同比增长34%；主营业务收入354.1亿元，同比增长22.4%；完工船舶322.8万载重吨，同比增长18.7%；新承接船舶574.2万载重吨，同比增长35.8%；手持订单834.0万载重吨，同比增长47.7%；占全国比重分别为8.5%、12.6%和7.9%。[①] 舟山惠生海工成功交付全球最大的液化天然气模块装置，遴选确定舟山市定海区、普陀区作为核心区，舟山市岱山县、宁波市象山县、台州市三门县作为协同区，联合打造高端船舶与海工装备产业集群。

4. 三大千亿级临港产业集群稳步发展

2022年港航物流业实现增加值404.2亿元，同比增长2.4%。宁波舟山港完成货物吞吐量超12.5亿吨，连续14年位居全球第一；完成集装箱吞吐量3335万标准箱，稳居全球第三。宁波、舟山连续两年在国际航运中心城市综合排名中位列前十。千万级集装箱港区建设有序推进，宁波舟山港梅山港区6至10号集装箱码头泊位全部通过交工验收。海洋渔业与水产品平稳发展，2022年实现增加值567.2亿元，同

① 数据来源：浙江省海洋科学院。

比增长6.9%，全省海水养殖产量达152万吨，同比增长9%。大力推进渔场修复振兴，获批国家级海洋牧场示范区9个。海洋旅游业增速放缓，2022年海洋旅游业实现增加值713.2亿元，同比增长3.0%。[①]海洋文旅能级取得新提升，杭州湾、宁波湾获批省级旅游度假区，象山影视城获评浙江省智慧景区，舟山启动“小岛你好”海岛共富行动，实施“星辰大海”计划，加快打造一批海洋景观设施、文化标识工程、精品文旅产业项目。

【专栏3-2】温州市洞头区：“数智渔业”赋能“两菜一鱼”

温州市洞头区作为浙江省海水养殖主产区。目前，以“两菜一鱼”为主的海水养殖业存在以下问题：一是养殖海区管理利用滞后问题，二是渔业产业链条断链问题，三是公共服务数字化程度不高问题，四是品牌增值增效能力弱问题。当前，洞头区以“两菜一鱼”产业为切口，瞄准“数字经济+产业大脑”的跑道，以“产业大脑+数字渔场”为发展模式，数字赋能渔业全产业链，构建养殖海区监管智能化、海水养殖生产数字化、产品质量溯源全链化、市场营销品牌化的体系机制，有效破解产前、产中、产后堵点难点，推动人货场多链条集聚、渔旅文多业态融合、产供销多模式并轨，以实现渔业增效、渔民增收、渔村增富，为浙江省农业和渔业产业大脑建设开发提供洞头经验、温州模式，为共同富裕贡献渔业力量。

其经验做法有以下四方面。

① 数据来源：浙江省海洋科学院。

一是海区慧管场景。为破解养殖海区监管手段落后、规划执行力不强、违规养殖较难杜绝、规模化养殖存在海区资源瓶颈、监管智能化程度低等问题，建立海区一张图，实现数字海区规划布局、选址、利用、招商等功能一体化；建立养殖违规作业事前警示数字预警模型，实现对养殖行为监管的数字化；建立养殖配套船只数字化监管系统，实现对海上养殖水域三无船只的智能化防控。

二是养殖慧服场景。聚焦政策补助类服务，对接温州市政策服务“一键达”系统，归集6项涉渔服务项目，围绕海水养殖生产全流程，将政策服务项目分为装备设施、技术创新、灾后重建、转产转业、市场营销、示范引领等六大类，精准服务渔业生产。聚焦技术指导类服务，除提供生产阶段专家远程全天候精心服务外，还通过渔业水域环境监测、气象数据对接等方式，对海区污染、灾害气象、病害风险等渔业水域环境数据进行分析研判。

三是质量慧知场景。聚力打造大黄鱼数字化养殖渔场，配备3座智能渔城54口深水网箱，以及1套ERP智能养殖系统[①]、80套声波换能器系统。运用物联网、大数据、人工智能等信息化技术，形成海水养殖用投入品智能闭环管控和质量安全全程追溯，实现海水养殖全过程的信息感知、智能控制。目前，全区3家大黄鱼养殖企业已全部用上“浙农码”。

四是产销慧接场景。打通旅游、经信以及第三方平台数

① ERP（Enterprise Resource Planning）智能养殖系统是一种专门针对养殖行业设计的企业资源计划系统。

据壁垒，建设渔农产品信息共享平台，通过渔业产品图谱，全方位呈现产品详情。对接新型农业生产经营主体（渔业企业、渔业专业合作社、家庭渔场）生产、加工前端场景，打造共享渔场、休闲海钓、渔业文化等三大创新销售场景。

资料来源：温州市洞头区人民政府。

5. 百亿级临港产业集群加速发展

海洋数字经济方面，指导地方特色企业立足自身实际，增强数字化改造意识，抓住政府积极推进数字化、智能化改造的窗口期，会同服务机构企业找准自身智能化、数字化改造的路径，引领带动各层次、各领域的智能化改造。如机械企业坚持走数字化、智能化之路，把拳头产品、核心产品做成真正的精品，同时不断延伸产业链，拓展整机和其他高附加值配件制造。海洋生物医药方面，2022 年浙江省印发《促进生物医药产业高质量发展行动方案（2022—2024 年）》，明确发展重点。加快关键核心技术攻关，于 2022 年度“尖兵”“领雁”计划项目中立项支持“一种抗细菌耐药性新型抗生素候选药物的开发研究”等 12 个项目，投入省财政资金 3380 万元，有力推进海洋活性天然产物和生物活性物质的系统成药性、海洋性来源药物制剂的研究，加快海洋生物育种技术和海产品深加工技术迭代升级。海洋新材料方面，增速有所放缓。沿海各地加快推进海洋新材料产业平台建设，中石化宁波新材料研究院（一期）、舟山市鱼山战略新材料产业园、台州湾新材料产业园实现差异化协同发展。海洋清洁能源方面，2022 年实现增加值 512.3 亿元，同比增长 6.4%。世界单机最大 LHD[①]1.6 兆瓦潮流能

① LHD 指使用海洋水流或节流能力作为能源的发电项目。

发电机组“奋进号”在舟山秀山岛海域下海，全国首座潮光互补型光伏电站在浙江温岭投运，开创光伏与潮汐协调发电的新能源综合运用新模式。

【专栏3-3】绍兴市滨海新区：海洋生物医药风口起舞

绍兴滨海新区海洋生物医药产业功能区块紧紧围绕打造“顶配版”产业平台的目标定位，着力构建细胞治疗谷、创新医药谷、智能康复谷、营养健康谷等4个“特色产业谷”，积极发挥主体责任、建立健全机制体制、迭代升级发展理念，在规划开发、产业集聚、能级提升等方面不断取得新成效。2022年，绍兴滨海新区海洋生物医药产业功能区块实现工业总产值326.16亿元，同比增长19.2%；固定资产投资68.58亿元，同比增长18.8%；新引进生物医药产业项目24个，协议总投资近200亿元；引进省级以上高层次人才8人，引进各类创新平台载体6个，集聚生物医药相关企业近200家。

其经验做法有以下三方面。

一是注重头部企业招引培育，产业链迸发“虹吸效应”。聚焦构建4个特色产业谷。全力引进头部企业和产业链平台项目，打造集研发、临床、制造、应用于一体的生物医药完整产业链。在细胞治疗领域推动以汉氏联合为主，带动北京永泰生物制品有限公司等龙头企业，打造细胞生态示范基地；在创新医药领域推动以德琪医药有限公司为主，联动浙江新码生物医药有限公司等创新药企，形成区域竞争优势；在智能康复领域依托振德医疗用品股份有限公司，带动国科离子医疗科技有限公司等企业，形成检测—治疗—康复的全流程产业链；在营养健康领域以浙江医药股份有限公司为引领，形成从原料供给、精准配方到大众健康的全产业链布局。

二是注重资源要素汇流集聚，硬实力打破“发展瓶颈”。深化推行绍兴市滨海新区人才管理改革试点，迭代升级具有创新性、辨识度的20条改革举措。积极探索产业化项目与创新型项目、创新人才与产业人才双招双引的工作机制，以产引才、以才促产、资本赋能的特色生态逐步展现。截至2022年底，区块已新引进省级以上高层次人才10人，其中国家引才计划4人、省级引才计划6人。

三是注重营商环境优化提升，打造“筑巢引凤”新高地。在加快项目落地发展方面，对投资10亿元以上的生物医药企业，优先安排项目用地指标，并可按工业用地最低价作为土地出让起始价给予土地要素保障，设备投资按15%给予最高2000万元补助；在鼓励研发创新投入方面，给予一类新药每个产品2500万元、二类新药每个产品1300万元的奖励；在推进企业做大做强方面，给予5年一定比例经营绩效奖励，企业上市给予最高1000万元一次性奖励。

资料来源：绍兴市滨海新区管委会。

（二）海洋产业发展面临的问题和挑战

1. 海洋新兴产业规模有待扩大

海洋清洁能源、海洋电子信息、深海矿产开发利用等海洋新兴产业规模化程度不高，亟须顶层谋划布局，加大海洋新兴产业政策支持力度，为海洋新兴产业发展创造良好环境。

2. 现代海洋产业创新能力有待增强

浙江绿色石化产业仍存在技术创新能力弱、大而不强的困局，亟须推进绿色石化不断创新，推动产业链创新链深度融合。

3. 海洋捕捞转型升级任务艰巨

渔业一产比重偏高，海洋捕捞比重依然过大（占一产的47.2%），浙江现有1.33万艘捕捞渔船，渔船总功率超250余万千瓦，捕捞产能偏大，仍需进一步减船转产。同时，由于后续捕捞产能的空间收窄，捕捞渔民因年龄、技能等问题，转产转业困难较大。

4. 海洋旅游产品开发程度偏低

一方面，海洋旅游产品低小散特征明显，多数海洋旅游产品仍为粗放型的传统观光产品，品质化的休闲度假产品供给不足；同时市场主体偏小，省内外头部企业、大企业参与海洋旅游开发建设的不多。另一方面，旅游项目落地较难。自然保护地体系建立后，推出了禁止类、限制类项目的准入负面清单，无居民海岛、风景名胜区等生态管控更加严格，叠加海洋生态系统脆弱、涉海地区用地紧张等客观因素，大项目、好项目落地难度较大。

三、浙江海洋产业发展未来展望

未来，浙江将进一步聚力发展海洋经济，各地市开展大量的实践，因地制宜探索海洋强省建设新路径，形成一批典型经验做法，浙江海洋经济的社会效应将持续放大。

（一）全力推动临港先进制造业发展

一是全力推动绿色石化产业发展。稳定“油头”，做长做粗“化尾”。以炼化一体化为核心，整合炼油产能，做强烯烃产业，提高对二甲苯（PX）竞争力。重点打造丙烷脱氢制丙烯、乙烷裂解制乙烯等轻烃产业链的化工基础原料发展战略，构建浙江优势和特色的产业链。打造万亿级绿色石化产业集群。推进宁波、舟山绿色石化产业一体化发展，形成完整产业链，共建共享世界级石化基地。加快嘉兴乍浦化工新材料产业园区建设，推进油品质量提升项目以及原料多元化供应项目建设，推动高性能聚烯烃、特种工程塑料、合成橡胶、热塑性弹性体等先进材料项目建设。加速油气贸易服务产业链发展，推动建设国际能源贸易总部基地，加快引进一批油气产业链重大项目和重点企业。打造高附加值产业链。全面开展石化中下游产业链培育行动计划，以浙江石化、镇海炼化为龙头，梳理中下游产品，精准招商合作，促进产业链、创新链和供应链融合发展。

二是全力推动海洋装备制造与工程建筑业发展。加强临港先进装备关键技术攻关能力。加快推进核心设备国产化、智慧化，整合资源，重点突破大中型液化石油气（LPG）船、LNG 船、邮轮游艇等特种高端船舶，以及大型海洋钻井平台、智能海洋牧场装备、海洋能发电装备、海洋矿产资源开采装备等海工装备核心技术，推动技术研发与产业化相结合，着力提升海洋高端装备基础配套能力，进一步提升特大、重型、超限装备等的极限制造能力。加快海洋工程建筑业发展。加快推进一批重大海洋工程建设。在技术方面，推动向低碳技术、环保材料发展。加快海洋产能基地建设，着力提升海洋工程建筑安全、效益和品质。加强海洋信息化新型基础设施建设，构建数字化和海洋实体经济融合、产业升级和智能制造并行的新业态，大力推动海洋装备制造与工程建筑业高质量发展。

三是全力推动船舶与海工装备产业发展。全力培育建设船舶与海工装备产业集群。优化产业布局，打造“核心区＋协同区”分工协作的产业集群体系，抓好2个核心区、3个协同区建设。实施一批建链补链强链延链重点项目，提升产业链的主导力，增强产业链自主控制力、抗风险能力和发展韧性。支持龙头企业整合资源要素，利用资本市场做大做强。鼓励和引导特色优势船舶企业做强细分市场，积极发展特种船舶、公务船艇以及新能源动力船配套设备等产品。

（二）积极推动海洋富民产业发展

一是积极推动海洋渔业发展。推动海洋渔业可持续发展。严格落实东海区统一休渔制度，持续完善八大流域统一禁渔期管理；全面开展水生生物资源调查，聚焦八大水系及近岸海域珍稀濒危物种、土著鱼类资源保护和修复，科学实施增殖放流行动，大力修复重要渔业水域生境。统筹减船和转产工作，多渠道吸纳减船转产渔民就业。大力拓展“深蓝渔业”，加快发展深远海养殖，打造浙江深远海养殖大黄鱼产业集聚区。加快渔业三产深度融合，积极稳妥发展沿海休闲海钓业，大力发展海岛民宿、渔家乐等海洋休闲旅游，拓展渔区渔民增收渠道。

二是积极推动海洋旅游产业发展。坚持从推进重大项目建设、优化海岛基础设施、提升旅游公共服务3个维度，强力推动蛇蟠岛公园、大陈岛文旅融合整体开发项目、玉环·海山生态旅游岛、那云·星辰大海上的天空之城、保利朱家尖四柱山文旅综合体项目（一期）等一批重大牵引性项目。力争全年海岛公园实际完成投资250亿元，加快建成世界海岛旅游首选地。围绕全域旅游、海上游线“筑链工程”迭代升级、文旅消费品牌提升、丰富旅游产品供给、强化文化和旅游资源保护与发掘、打造美丽生态环境6个方面加快推进。全年提升创建省4A级以上景区镇2个，A级景区村覆盖率达到100%。实施旅游景区振兴计划，推动旅游景区转型提升和高质量振兴发展。推出海上游线筑链工程2.0，支持上海—舟山—温州—厦门—深圳海洋旅游黄金航线常态化运行，推出更多邮轮航线。推出“味美浙江·百县千碗”“浙韵千宿”“浙派好礼”“百家千艺”“浙里千集”一批海岛品牌。依托海岛公园得天独厚的海洋海岛优势资源丰富海洋海岛度假、海洋运动休闲、房车露营、海鲜美食、生态研学等旅游产品。做强海岛公园推广联盟，支持十大海岛公园重点打造10个代表性的品牌活动，强化主题形象，举办舟山群岛马拉松、开渔节、帆船帆板、沙滩足球、全国海钓邀请赛暨名人（精英）赛等活动30场以上。

（三）打造海洋清洁能源产业发展高地

一是加强顶层设计，谋划布局海洋清洁能源。开展全省海洋清洁能源资源勘查与评价，形成各类海洋清洁能源评价成果及图谱。超前部署沿海（海岛）核电。建成三澳核电一期，加快推进三门核电二期、三期，以及三澳核电二期建设；积极启动象山金七门、舟山徐公岛、温岭牛山岛等项目前期工作，形成浙北、浙东、浙南三大沿海核电基地。合理安排海上风电基地，重点在大衢洋、舟山东部、宁波象山、台州、温州等海域及其毗连区布局海上风电项目，打造若干个百万千瓦级海上风电基地。探索开展“海洋风电＋氢能”综合示范应用，在温州、舟山等地谋划海上氢岛，打造制储输用全链条绿氢产业。

二是加强全方位、深层次开放协作。构建多元化开发利用机制，鼓励和支持省内能源及装备制造企业参与国际能源加工生产、能源装备制造、能源服务等环节，开展核电培训、海外光伏项目合作开发、风电出海等方面的探索。加强与世界知名能源公司、科研院校、企业机构交流与合作，建立健全国际能源技术研发交流合作机制。

三是打造数字驱动、科技引领的智慧能源服务生态圈。以数字化改革为牵引，建立可开发利用的海洋清洁能源资源数据库和数字化平台，建立完善海洋清洁能源统计目录和分析研判机制，建设海洋清洁能源产业大脑。推进智慧海上风电、海上（滩涂）光伏建设，积极开发基于工业互联网的风电场数字孪生系统，依托浙江大学、东海实验室等科研院所，重点攻克核电机组长期运行及延寿技术、深远海域海上风电开发等核心技术。

（四）前瞻性布局海洋新兴产业

一是前瞻性布局海洋生物医药产业。发挥舟山海洋生物医药特色发展资源禀赋优势，拓展延伸“一核两带两圈”生物医药产业发展空间格局，推动宁波、舟山、台州、温州等地加快发现以海洋生物资源为基础的药物先导物并研发海洋创新药，发展以海洋生物精深加工为基础的大健康产品和中药产品，依托藻类植物提取物、海水珍珠和贝类提取物等发展创新生物材料产业，延伸发展高端化妆品产业，提升发展鱼蛋白胨、鱼精膏、鱼油、有机液肥、食品添加剂、饲料添加剂等海洋生物制品。创新驱动产业发展。支持高校牵头组建海洋药物领域高水平科研平台，按照从基础研究、应用基础研究、技术攻关到成果转化全链条开展关键技术攻关。加快推进关键技术攻坚突破，支持海洋生物资源获取、保藏、开发和发现海洋生物来源药物先导物并规模化制备、海产品保鲜及智能加工关键技术研发。加快出台高新技术企业创新能力提升行动方案，支持诚意药业等海洋生物医药产业龙头企业提升技术研发水平和科技攻关能力。

二是前瞻性布局海洋数字经济。紧扣“1+6+X”数字产业新体系，实施先进制造业集群培育行动，推动产业、平台、企业提升发展，力争数字经济核心产业增加值增长 10%。加快数字产业集群培育，重点制定出台数字安防与网络通信产业集群培育方案，着力做强数字经济领域 6 个千亿级集群，面向人工智能、区块链、未来网络、元宇宙等新兴领域，推进一批“新星”产业群和省级未来产业先导区建设。深化中小企业数字化改造县域试点，做好首批24个试点县样本打造、经验总结和复制推广工作，组织开展第二批试点县遴选工作。推进行业产业大脑建设应用，加快形成“一行业一大脑”发展格局，累计上线试运行工业领域行业产业大脑30个。

第四章
海洋科技创新驱动

一、全国海洋科技发展现状

海洋科技创新是海洋经济高质量发展的动力源泉。早在 2003 年 5 月，习近平同志在浙江省加快海洋经济发展座谈会上就指出，要深入实施“科技兴海”战略，加快人才培养和引进，大力推进海洋科技创新和进步，促进海洋开发由粗放型向集约型转变，不断提高海洋经济发展水平[①]。党的十八大以来，浙江深入实施科技兴海战略，在“315”科技创新体系整体框架下，加快构建具有浙江特色的现代海洋科创体系。2023 年 9 月，习近平总书记在浙江考察时强调，浙江要在以科技创新塑造发展新优势上走在前列[②]。这为浙江海洋科技创新指明了前进方向，提出了更高要求。

（一）海洋战略科技力量建设初具规模[③]

海洋领域国家科技创新平台布局加快推进，截至 2022 年底，我国海洋领域共有 2 家国家实验室（即崂山实验室和汉江实验室）、8 个学科全国重点实验室、8 个企业全国重点实验室、86 个省部级重点实验室和央地共建实验室。相继建成并投入使用了国家海底科学观测网、国家级深海微生物资源库等，这些重大科技创新平台为我国海洋资源勘探开发和重大项目研发提供了重要支撑。全国涉海类高等院校共 15 所，其中，综合类大学 5 所、海洋类大学 6 所，其余涉及海洋资源勘探、海洋船舶和师范及国防类院校共 4 所[④]，构建起包括海洋生物、海

① 习近平：《干在实处 走在前列》，中共中央党校出版社，2014。

②《习近平在浙江考察时强调 始终干在实处走在前列勇立潮头 奋力谱写中国式现代化浙江新篇章 返京途中在山东枣庄考察》，中国政府网，2023 年 9 月 25 日。

③ 本部分数据来源：《强化国家海洋战略科技力量》，光明网，2023 年 6 月 19 日。

④《培育战略科技力量 支撑海洋强国建设》，旗帜网，2024 年 2 月 22 日。

洋化学、海洋物理、船舶与海洋工程、海洋渔业科学与技术、海洋资源与环境、海洋地质学、港口航道与海岸工程等在内的完整学科体系。

【专栏 4-1】青岛海洋科学与技术试点国家实验室建设经验

青岛海洋科学与技术试点国家实验室（简称海洋试点国家实验室）是我国海洋领域的首家国家实验室，于2015年6月试点运行，旨在围绕创新驱动发展战略和建设海洋强国的总体要求，坚持“四个面向”，开展科技创新与体制机制创新，是我国打造国家海洋战略科技力量的重要组成部分，主要有以下几点建设经验可供借鉴。

一是构建“三会”治理模式，探索新型体制机制。坚持“去行政化”和机构“扁平化”，探索建立理事会管理、学术委员会指导、主任委员会负责的“三会”治理模式。理事会由科技部等国家部委和山东省政府、青岛市政府以及相关科研机构的代表和特邀专家组成，总体协调领导海洋试点国家实验室建设与发展。学术委员会由国内外著名专家组成，对海洋试点国家实验室的学科发展方向、重大科研任务等进行指导。主任委员会由擅管理、懂业务的专家组成，负责海洋试点国家实验室的具体业务。

二是建成协同创新科研体系，开展重大科技任务攻关。聚焦国家长远目标和重大需求，以开展基础前沿研究为目标，以不断突破世界前沿的重大科学问题为牵引，重点汇聚青岛优势单元力量组建8个功能实验室。以国家战略需求为导向，以海洋战略性前沿技术体系构建与自主装备研制及产业化为目标，汇聚国内优势力量，已建成4个联合实验室，在建2

个联合实验室。围绕瞄准国际科技前沿、率先形成先发优势的目标，面向国内院士和国际顶尖科学家及其团队建设开放工作室，引领开展颠覆性技术创新，已组建5个开放工作室。截至2023年，海洋试点国家实验室在青岛蓝谷建有东、西两个园区，占地面积约545亩①、确权海域约52.5亩，19万平方米科研设施已投入使用。

三是建设大型公共科研平台，支撑海洋重大科技突破。公共科研平台是根据国家重大战略需求和海洋科技发展趋势，由海洋试点国家实验室建设，支撑海洋科学探索和重大科技任务攻关的大型复杂科学研究系统，是国家实验室的“压舱石”“硬支撑”。聚焦海洋观探测、海洋系统认知、海洋资源开发利用与保护等方向，现已建成高性能科学计算与系统仿真平台、深远海科学考察船共享平台、海洋创新药物筛选与评价平台、海洋同位素与地质年代测试平台、海洋高端仪器设备研发平台、海洋分子生物技术公共实验平台等6个平台并稳定运行，在海洋复杂巨系统科学计算、大洋科考研究、海洋药物开发、海洋装备与技术研发、海洋同位素分析测试、蓝色生命探测解码等领域相关的基础前沿研究、关键核心技术突破、产业带动及人才凝聚等方面发挥重要支撑作用。聚焦建设海洋强国急需平台，正加快建设海洋能研发测试平台、水动力平台、海上试验场等平台，建成后将基本形成海洋领域布局完整、技术先进、运行高效、支撑有力的公共科研平台体系。

资料来源：青岛海洋科学与技术试点国家实验室官网。

① 1亩≈666.6667平方米。

（二）海洋领域重大技术突破不断涌现

近年来，我国在深水、绿色、安全等海洋高技术领域取得重大突破，以“蛟龙”号、“深海勇士”号、“奋斗者”号、“海龙”号等深海潜水器为代表的海洋探测运载作业技术实现质的飞跃，核心部件国产化率大幅提升。我国自主建造的“雪龙 2”号破冰船达到了世界先进水平，填补了我国在极地科考重大装备领域的空白。海洋油气勘探开发实现从水深 300 米到 3000 米的跨越，“海洋石油 981”在南海首次钻探成功，超深水双钻塔半潜式钻井平台“蓝鲸 1 号”在南海成功试采可燃冰，海洋科技创新取得一系列重大标志性成果。

（三）海洋战略性新兴产业发展良好[①]

近年来，我国海洋新能源、海洋生物医药、海洋电子信息、海洋高端装备等海洋新兴产业保持较快增长，2022 年增加值达 1926 亿元，比上年增长 7.9%，海洋领域科技领军企业产业链条不断延伸，初步培育形成了一批新兴产业集群。2022 年，我国海洋工程装备制造业新承接订单、手持订单金额同比分别增长 175.9% 和 34.6%；海上风电发电量同比增长 116.2%；我国首台兆瓦级潮流能机组实现了并网发电；海水淡化工程规模进一步扩大，新增产能超 50 万吨 / 日。在 2022 年《财富》世界 500 强中，我国有 7 家海运船舶和资源勘探领域企业上榜。

（四）海洋领域科技创新体系不断健全

持续优化海洋科技创新体制机制，不断完善海洋科技创新顶层设计，加快制订出台海洋科技专项规划、政策，不断加大海洋领域创新创业税收、用地、融资、人才等政策支持力度，努力营造“敢为人先、宽容失败”的海洋创新创业氛围。加快建立集中、统一、高效的海洋

① 本部分数据来源：《我国海洋新兴产业保持较快增长》，光明网，2023 年 4 月 14 日。

创新综合管理体制，协调解决海洋科技创新中跨区域、跨部门重大问题。坚持陆海统筹推进海洋科技创新，积极构建陆海空间良性互动、陆海经济一体化发展的新格局，推动陆海联动创新发展。不断健全海洋创新创业服务体系，启动建设全国海洋科技大市场，加快培育科技中介等专业服务机构，推动海洋科技成果向现实生产力转化。

【专栏 4-2】美国海洋科技创新体系建设的经验启示

美国是海洋大国，也是海洋强国。美国政府十分重视海洋科技创新力和竞争力的提升，其海洋科技创新管理体系的强大完善，包括以下几方面。

一是国家级海洋机构的兴建，成为美国海洋创新体系的核心，统领海洋经济的发展。包括建立美国海军研究署（1946 年），海洋研究科学委员会（1957 年），海洋科学、工程和资源委员会（1966 年），美国国家海洋和大气管理局（1970 年）以及国家海洋经济计划国家咨询委员会（1999 年）等政府机构。

二是建立独立的海洋法制体系，形成法律约束，为美国海洋发展提供政策支持。2000 年，美国将海洋政策从国家政策中独立出来，单独设立海洋政策委员会全权负责海洋相关领域的政策法规，并通过了海洋法，对国家海洋问题进行新的法律约束，旨在创造统一的、协调的国家海洋政策体系。此后，又陆续颁布实施 21 世纪海洋，海洋、海岸和五大湖管理法等多项法律，为美国海洋发展提供政策支持。

三是统筹和制定发展战略，构成美国海洋创新体系的顶层设计和行动指南，为美国海洋经济发展指明方向。美国制订的第一个海洋行动计划是《海洋学十年规划（1960—1970）》（1959年）；同年，制订《海军海洋学十年规划》，也是世界上最早的军事海洋学规划。随后，又陆续推出《我们的国家和海洋——国家行动计划》（1969年）、《全国海洋科技发展规划》（1986年）、《沿岸海洋规划》（1989年）等。2004年，《美国海洋行动计划》明确未来海洋经济发展战略的核心内容是优先规划和完成海洋研究。2007年《美国未来十年海洋科学路线图——海洋研究优先领域与实施战略》出台，为美国海洋经济发展指明了方向。

四是海洋科研经费多方投入，形成完善的资助体系，为海洋科技创新提供雄厚的资金支持。为打造世界一流的海洋科技，美国在资金投入方面也一直处于领先地位。海洋科研经费的来源不仅有国家、企业以及社会捐赠，还包括国防部和海军。21世纪初期，美国海洋开发经费已达数百亿美元，为海洋科技的深层次研究提供了雄厚的资金支持。

资料来源：全立梅、王守栋、王素焕等，《国外海洋科技创新体系对天津的启示》，《天津科技》2018年第12期。

二、浙江海洋科技发展成效和挑战

2003年5月，习近平同志指出，要深入实施“科技兴海”战略，加快人才培养和引进，大力推进海洋科技创新和进步，促进海洋开发由粗放型向集约型转变，不断提高海洋经济发展水平[①]。20多年来，浙

① 习近平：《干在实处 走在前列》，中共中央党校出版社，2014。

江省委、省政府一以贯之推进海洋科技发展，取得阶段性成效，同时也存在一些问题和挑战。未来，要加快海洋科技创新步伐，努力打造成面向全国、引领未来的海洋科技创新策源地。

（一）海洋科技发展取得阶段性成效

1. 加快培育海洋领域战略科技力量

立足国家所需、浙江所能，体系化布局科研机构和平台，大力提升原始创新能力，全省共建有海洋领域全国重点实验室 1 家、国家重点实验室 1 家、省实验室 2 家、省级新型研发机构 9 家。浙江大学流体动力基础件与机电系统全国重点实验室是第一批重组的全国重点实验室。自然资源部第二海洋研究所在卫星海洋环境动力学国家重点实验室基础上积极申报组建海洋环境预测预警全国重点实验室。围绕海洋环境感知、海洋动力系统、海洋绿色资源等三大领域，挂牌建设东海实验室，并推动创建海洋国家实验室东海基地；聚焦深海材料领域，高水平建设甬江实验室。海洋领域科创平台体系初步形成，“高原造峰”聚变效应逐步显现。

2. 聚力打好关键核心技术攻坚战

围绕海洋资源环境技术与深海关键技术总方向，聚焦深海材料、海洋新能源、海洋环境感知、海洋生物资源、海洋蓝碳等五大重点领域，有组织地部署重大项目攻关。积极对接国家战略，对标科技部“海洋环境安全保障与岛礁可持续发展”“深海和极地关键技术与装备”两个重点专项，2022 年浙江省共牵头承担“深海采矿羽流影响监测模拟关键技术”等国家重点研发计划项目 2 项，获中央财政性资金约 3800 万元。省级层面，组织实施“深海智能仿生软体机器人关键技术与设备”等科技计划项目 19 项，投入省财政资金约 8900 万元，引导社会投入近 2.4 亿元，致力于解决“卡脖子”问题，锻造“撒手锏”

技术。浙江大学李铁风团队研发的软体机器人实现马里亚纳海沟深潜驱动，登上《自然》杂志封面；浙江大学瞿逢重团队研制的国产远距离高速水声通信机突破全球最高指标，获评2021年中国海洋科技十大进展；杭州电子科技大学研发的浙江首颗海洋光学遥感卫星，为海岛、港湾水质监测提供坚实基础；林东新能源研发的我国首台兆瓦级潮流能发电机“奋进号”成功并网发电；舟山长宏国际交付全球首艘2万立方米LNG加注船。

【专栏4-3】中国潮流能发电技术走在世界前列

中国首台兆瓦级潮流能机组——LHD海洋潮流能发电项目，系杭州林东新能源科技股份有限公司在杭州滨江总部研发，机组及发电站位于浙江省舟山市岱山县秀山岛南部海域。

LHD海洋潮流能发电项目历经10年研发，申请并已获授权的国际国内专利合计57项，其中发明专利21项，有效破解了海上安装、运行维护、电力输送等关键问题，具有装机功率大、资源利用率高、环境友好性强、海域兼容性好、项目可复制性强等特点，是目前世界上连续运行时间最长的海洋潮流能发电站。经院士牵头的专家委员会鉴定，该项目成果总体达到国际领先水平。

其经验做法有以下四方面。

一是实行集成创新模式，突破可持续发电关键技术。建立科技创新平台，提升科技创新能力；突破关键技术壁垒，形成技术竞争优势；创新模块化总成平台，开展积木化施工。LHD潮流能发电项目提出并验证“平台化＋模块化”的海洋潮流能利用技术路径，突破潮流能机组大功率稳定并网技术。世界最大单机LHD第四代1.6兆瓦机组于2022年2月24日成功下海，3月7日开始试并网，4月29日通过并网验收，正式成为中国首台并网运行的兆瓦级潮流能机组，其装机规模和科技水平领先世界。截至2023年10月初，LHD海洋潮流能电站已持续并网运行超过76个月，持续运行时间保持全球第一，累计并网发电超过518万千瓦时，发电量位居全球第三，等效减少二氧化碳排放约4103吨。

二是打通潮流能产业链，形成清晰产业格局。争取配套政策支持，营造良好发展环境。将争取必要的政策支持作为激发创新活力的重要途径，抓住国家鼓励新能源行业发展和海洋开发利用的有利契机，多方争取资金、人才、海域使用许可等配套政策支持。在创新平台及人才方面，积极开展并获得省级企业研究院等平台认定，为项目人才培养及创新平台营造良好的政策环境。

三是运维数据双向交互，实现机组低成本高效运营。打通数据双向通道，网源共享运维资源；建立生命支持系统，降低海底运维成本；送出线路智能运维，保障电量持续上网。

四是落实碳中和、碳达峰战略目标，推进百兆瓦级舟山潮流能示范项目建设。2019年11月，LHD与岱山县人民政府签署了LHD大型海洋潮流能并网发电场及发电装备研发制造装配项目框架协议。目前已完成百兆瓦的现场勘测工作，项目启动后，将同步建设潮流能发电装备的总装基地。

资料来源：杭州市人民政府。

3. 大力促进海洋科技成果转化

推动企业加快组建创新联合体，引导企业用好市场优势，培养科技创新能力和竞争力，突出企业全创新链的主体地位。依托荣盛石化，联合科研院所和产业链上下游企业共建省绿色石化技术创新中心，主攻石化工艺低耗能近零排放等重点方向。聚焦增强海洋装备制造业和海洋绿色石化产业的核心竞争力，推动舟山、台州等沿海地区加快创建国家高新区，支持杭州、宁波高新区加快培育涉海主导产业，加快建立自主可控、安全高效的海洋装备产业体系。2022 年海洋高新技术产业增加值 1998.32 亿元，占浙江省海洋产业生产总值将近 20%。在中国浙江网上技术市场行业分市场开展海洋领域行业拍，会同有关单位共同举办科技成果路演、产学研合作等活动推动海洋科学技术和成果转化。2022 年度浙江海洋环境保护与资源利用领域签订技术合同共 2123 项，技术交易额共 50.81 亿元。

【专栏 4-4】深海作业机械臂实现国产替代

海洋工程装备制造业是我国战略性新兴产业的重要组成部分和高端装备制造业的重点方向，是国家实施海洋强国战略的重要基础和支撑。深海作业机械臂是深海作业的必要装备，应用广泛，可搭载于无人潜器和载人潜器等，在深海完成各种操作。例如，抓取和提升大型物体、水下精细作业，或携带不同工具用于水下设备的运维作业等，是水下作业必不可少的重要核心装备。

长期以来，深海作业机械臂尤其是重负载作业伺服控制机械臂一直依赖美国进口。中美贸易摩擦中，美国对华限制性出口，严重制约了我国深海作业的发展，国产替代势在必行。

浙江凯富博科科技有限公司项目团队面向世界科学前沿和国家需求，以“让机器人完成急难险重的工作”为使命，研发掌握了自主可控的液压伺服、主从控制、电力反馈等多项核心技术，攻克了各项“卡脖子”技术难题，实现多款主从控制机械臂产品国产化。

其经验做法有以下三方面。

一是大力开展国产化替代技术攻关。在深海作业领域，由于深海作业机械臂的特殊运行环境和多重设计约束条件，对结构设计、核心零部件、控制技术等提出了极高要求。团队致力于液压伺服系统、耐压、密封、防腐和主从控制等核心技术的研究，解决了高持重自重比结构设计、双边控制、力反馈控制等技术难点，实现了高效率大负载伺服摆动缸、内摆线低速大扭矩液压马达、高压环境下的压力及位置传感器等核心部件自主设计和生产，研发出了大负载深海作业机械臂，实现了国产化替代。

二是积极推动技术领域开放协作。与某科学院协同，成功在南海海域完成了4500米级的海上试验，并为海下科考、地质勘探、水下油田开发、深水大坝检修等领域的企业提供了重要装备。截至2023年，研发深海机械臂具备2米臂展，454公斤最大负载，7000米作业深度，在功能和性能上都达到了国际领先水平。

三是加快推动补链强链延链。发挥实干、创新的精神，开拓进取，持续解决“卡脖子”技术难题。伺服摆动缸、低速大扭矩马达、传感器、微型泵等关键核心零部件为国内高端液压市场提供了产品支持，使部分零部件摆脱了进口依赖，形成了良好的延链效果，为海洋强省建设作出了贡献。

资料来源：金华市人民政府整理提供。

4. 支持涉海类高校加快发展

截至 2023 年，全省已拥有浙江大学、浙江工业大学、宁波大学、杭州电子科技大学、浙江海洋大学、浙江交通职业技术学院、浙江国际海运职业技术学院、浙江舟山群岛新区旅游与健康职业学院等一批涉海本科院校和高职高专院校。全省高校拥有海洋技术与工程（浙江大学）、水产（宁波大学）一级学科博士学位授权点 2 个，海洋科学、水产、船舶与海洋工程、水利工程等一级学科硕士学位授权点 7 个。新一轮一流学科建设工程深入推进，在省优势特色学科、省一流学科（A 类、B 类）等建设中加大对涉海类学科的支持力度，推动浙江大学、宁波大学加快涉海类“双一流”学科和海洋交叉学科建设。支持高校加强海洋类专业建设，共立项建设航海技术、船舶与海洋工程、海洋科学、海洋渔业科学与技术等 8 个涉海类国家级一流本科专业建设点。

（二）海洋科技发展面临的问题和挑战

1.“国字号”高能级科创平台不多

高能级海洋科创平台少，特别是海洋领域的国家级科创平台仅 4 家，与山东（11 家）、上海（12 家）等先进省市相比还有较大差距，全国首家海洋领域国家实验室已落户山东青岛。海洋科技基础设施薄弱，目前尚未有由浙江牵头建设的海洋大科学装置。

2. 海洋战略性新兴产业基础薄弱

浙江涉海产业结构有待优化，传统产业占比过高，海洋高新产业集聚效应尚未形成，创新型企业主体的数量和规模优势不足，海洋新能源、海洋新材料、海洋高端装备制造业等战略性新兴产业 GDP 仅占海洋 GDP 的 22.3%。

3. 关键核心技术仍受制于人

浙江海洋产业的关键核心技术落后于人、受制于人的局面依然严峻，特别在海洋精密仪器设备、海洋重防腐材料等领域对外依存度高，如约 77% 的高端海洋传感器产品和约 80% 的海洋防腐涂料市场被欧美企业所垄断，存在"卡脖子"风险。

4. 高端创新人才仍然短缺

海洋领域创新人才紧缺，特别是海洋新兴产业创新型人才、复合型人才不足，在国家乃至全球具有影响力和话语权的高层次领军人才匮乏，如海洋领域院士人数 11 名，少于山东（19 名）、北京（17 名），且海洋科研从业人员仅为山东的 1/2，科研经费仅为上海的 1/3。

三、浙江海洋科技发展未来展望

科技创新是建设海洋强国的根本动力，是贯穿全局、起决定性作用的关键因素。未来，浙江海洋科技要充分发挥自身特色优势，紧抓新一轮科技革命和产业变革机遇，加快海洋科技创新步伐，打造成为面向全国、引领未来的海洋科技创新策源地。

（一）积极培育海洋领域战略科技力量

力争国字号"主平台"再获突破，推动东海实验室争创海洋领域国家实验室浙江基地，浙江大学、海洋二所、中国科学院宁波材料技术与工程研究所等单位争创海洋领域全国重点实验室。推动东海、甬江、白马湖实验室在海洋环境感知、深海材料和船舶碳捕集、利用与封存（CCUS）等前沿领域形成独特竞争优势。加快完善海洋科技基础设施，推进舟山国家海洋综合试验场建设，谋划推动全海域极端环境等海洋领域重大科技基础设施布局。

（二）持续加大海洋科技关键核心技术攻关投入

打好关键技术攻坚战，围绕深海和空天材料等战略领域，聚焦海洋环境感知、海洋新能源、海洋生物医药、海洋蓝碳技术等重点方向，组织重大科技攻关，加快形成一批突破性成果。加快完善技术创新服务体系，围绕产业共性技术需求，加快建设布局一批研究开发、工业设计、检验检测、实验验证等共性技术研发和测试平台，加强共性技术服务供给。推动组建新型创新联合体，鼓励产业链上下游有优势、有条件的企业、科研机构和高等院校，组建体系化、任务型创新联合体，系统推进海洋产业链“卡脖子”关键技术攻关，提升产业链供应链自主可控水平。

（三）激发海洋领域创新主体活力

培育壮大海洋领域新兴产业集群，升级科技企业“双倍增”和“两清零一提升”行动，围绕海洋数字经济、海洋新材料、海洋生物医药、海洋清洁能源等战略性新兴产业，培育一批有国际竞争力的创新型产业集群。加快构建科技企业梯次培育体系，推动“微成长、小升规、高变强”，形成以“链主”企业为引领，专精特新“小巨人”企业、单项冠军企业和独角兽企业协同发展的创新生态圈，推动海洋产业链上中下游、大中小企业融通创新。完善创新科技成果转化机制，加快构建全链条全周期科技成果转化机制，依托网上技术市场3.0建设海洋领域科技成果网上交易分市场，加快推进海洋科技成果转化和产业化。

（四）深入推进新一轮一流学科建设工程

发挥高水平研究型大学“主力军”作用，加大涉海类学科建设投入，发挥浙江大学、宁波大学“双一流”优势，进一步汇聚涉海类优势特色学科资源，加快实现涉海A类学科新突破，建成国际一流涉海学科群。加强涉海类国家一流本科专业建设点的示范引领作用，统筹推进涉海类学科专业一体化建设。加强与国内外高水平大学合作交流。引进海外优质教育资源，在有关涉海学科专业开展高水平中外合作办学。积极参与涉海国际科研合作，产出更多标志性成果。

（五）加大涉海类高层次人才培养力度

加快聚集高端创新人才，集中力量引育一批海洋领域的高层次人才和创新团队，特别要加快选拔培养一批引领世界科技前沿、善于整合科研资源的“帅才型”战略科学家。大力培育青年科技人才，支持涉海的浙江省实验室、高校、科研院所、企业联合培养青年海洋人才，鼓励青年科技人才牵头承担更多的国家、省重大科技计划项目，培养具有国际竞争力的青年科技后备军。持续优化人才涵养生态，深化科研放权赋能改革和海洋科技人才评价改革，进一步激发创新创造活力，实行更加开放的人才政策，建立与国际接轨的高层次人才管理聘用机制，提升世界一流人才吸引力，打造全球海洋科技人才母港。

第五章
海洋开放合作

海洋开放合作作为国与国之间、地区与地区之间加强联系、拓展关系、增进了解的重要手段，能够有效推动跨区域错位协同、互利共赢，实现全球产业链、供应链、价值链优化重构。我国一贯积极推动国际海洋开放合作，提出了“海洋命运共同体”的重要理念，并与“一带一路”共建国家基本形成了全方位、多层次、宽领域和立体化的合作。浙江省作为我国海洋开放合作的重要前沿，多年来形成了一系列先行先试典型经验做法，同时也存在一些短板，值得深入挖掘提升。

一、全国海洋开放合作发展现状

我国一直对海洋对外开放合作倍加重视。早在2013年，习近平总书记就指出，21世纪，人类进入了大规模开发利用海洋的时期①，并在同年印度尼西亚国会上审时度势指出中国愿同东盟国家加强海上合作……发展好海洋合作伙伴关系，共同建设21世纪“海上丝绸之路”②。两年后，习近平总书记在博鳌亚洲论坛上进一步倡议加强海上互联互通建设，推进亚洲海洋合作机制建设，促进海洋经济、环保、灾害管理、渔业等各领域合作③，合作领域范围和强度快速扩大提升。我国对《“一带一路”建设海上合作设想》的发布和构建“海洋命运共同体”的提出更实质性推动国际海洋开放合作加深落实，并取得一系列成效。尤其是自《“一带一路”建设海上合作设想》发布以来，中国同“一带一路”共建国家在海洋领域合作上取得了丰硕成果，不

① 《习近平：要进一步关心海洋、认识海洋、经略海洋》，中国政府网，2013年7月31日。
② 《习近平：中国愿同东盟国家共建21世纪“海上丝绸之路”》，人民网，2013年10月3日。
③ 《习近平：迈向命运共同体 开创亚洲新未来》，新华网，2015年3月28日。

仅签署了50余份政府间、部门间的海洋领域合作协议，共建合作机制和平台，还在海洋防灾减灾、海洋人才培育等方面有了更深入的合作。

（一）对外海洋交流合作迈上新台阶

1. 蓝色经济伙伴“朋友圈”持续扩大

以“一带一路”共建国家为代表，我国通过组织和参与搭建合作交流平台，不断强化中国与各国的蓝色伙伴关系。面向亚洲国家，中国首先与东南亚国家建立了中国－东南亚国家海洋合作论坛，成为与东南亚国家合作的主要平台；东亚海洋合作平台青岛论坛上成立了5个国际合作联盟，论坛和东亚海洋博览会成为东亚地区重要的交流合作平台；“国民账户中的海洋”蓝色经济国际论坛聚焦海洋经济统计核算，逐渐成为海洋经济统计核算标准方法和实践的重要国际交流平台；2019年中国海洋经济博览会蓝色经济企业家国际论坛的举办以及依托该论坛成立的蓝色经济国际联盟拓展了海洋企业与科研院所的合作空间；2020年中国－东盟关系雅加达论坛上，中方正式提出建立蓝色经济伙伴关系，开启了中国－东盟蓝色经济合作的新阶段；2021年中国－东盟智库战略对话论坛也为相关专家学者共话蓝色经济提供了重要平台。面向非洲国家，中非海洋科技合作论坛自2013年开始，已举办四届，不断推动中非合作走深走实。面向岛屿国家，与小岛屿发展中国家共同发起中国－岛屿国家海洋合作高级别论坛和中国－小岛屿国家海洋部长圆桌会议，《平潭宣言》《海岛可持续发展倡议》推动中国与岛屿国家的海洋合作迈上新台阶。此外，在厦门国际海洋周框架下，蓝色经济论坛自2020年开始已举办四届，第六届亚太经济合作组织（APEC）蓝色经济论坛也落地厦门；海洋合作与治理论坛也成为“一带一路”重要蓝色合作成果。截至2022年，中国自然资源部已与超过50个国家和国际组织建立海洋合作关系，“蓝色朋友圈”不断壮大[①]。

2. 国际海洋科技交流合作稳步推进

在公共产品和服务提供方面，中国承建南中国海区域海啸预警中心，为南海周边国家实时提供海啸预警和预报服务；承建海水淡化技术协调中心，为环印度洋区域内各国提供了海水淡化的技术转移应用和示范；承建的“海上丝绸之路”海洋环境预报保障系统持续业务化运行，范围覆盖共建国家共百余个城市；承建亚太区域海洋仪器检测中心，为各国的海洋仪器的计量和校准提供服务和技术支撑；承建APEC海洋可持续发展中心，定期发布《APEC海洋可持续发展报告》；2021年、2022年，以中国海洋发展基金会为主导，对“21世纪海上丝绸之路”上46个国家开展海岸带可持续发展能力进行评估，发布共建国家海岸带可持续发展能力指数评价报告。在科技合作和人才交流培训方面，自然资源部第三海洋研究所实施了中印尼海上合作基金项目、亚洲合作基金项目等，共同提升中国和印度尼西亚在海洋生态观测研究等方面的能力；中国政府海洋奖学金的设立，为共建国家培养了近300名青年海洋科学人才与管理人才；自然资源部第一海洋研究所与俄罗斯科学院远东分院太平洋海洋研究所、全俄海洋地质和矿产资源研究所就落实“冰上丝绸之路”倡议开展实践。

【专栏5-1】“一带一路”蓝色合作成果

2023年10月，第三届“一带一路”国际合作高峰论坛海洋合作专题论坛在中国国家会议中心举行，论坛发布了“一带一路”蓝色合作成果清单，清单包含以下内容。

海洋合作专题论坛前夕和其间签署的双边合作文件。中国

① 《共商共建共享 共迎蓝色未来》，《中国自然资源报》，2023年10月19日。

与印度尼西亚、越南、阿根廷、智利签署了政府间或部门间海洋、岛屿、自然资源、南极等领域合作文件。

中方提出的合作举措。包括持续实施中国政府海洋奖学金项目，与南海周边国家共建共享南海区域海啸预警中心，推出海洋发展合作支持项目、小岛屿国家应对气候变化合作支持项目，推动援助巴基斯坦瓜达尔海水淡化厂项目，设立发展中国家水产养殖和渔业可持续发展人员培训计划，倡议成立中国－印度洋地区国家蓝色防灾减灾联盟。

支持建立的合作平台。包括支持建设中非卫星遥感应用中心、中国－东盟卫星遥感应用中心，推动成立中国－印度洋地区国家蓝色经济智库网络，建设中葡文化遗产保护科学"一带一路"联合实验室海洋文化遗产研究中心，推动中国－太平洋岛国渔业合作发展论坛长效化、机制化，建设中国－东盟海水养殖技术"一带一路"联合实验室，机制化举办中国－印度洋地区发展合作论坛，与有关国家机制化举办中国－东南亚国家海洋合作论坛、全球滨海论坛、中非海洋科技论坛、中国－岛屿国家海洋合作高级别论坛、"一带一路"地学合作与矿业投资论坛、海洋合作与治理论坛。

合作项目清单。包括与孟加拉国、柬埔寨合作编制海岸带规划；与斐济、汤加、瓦努阿图等共同发布《气候变化下小岛屿国家海平面上升状况报告》；与有关国家共同开展微塑料问题研究；创建东南亚海洋环境预报系统；共同制定并修订海水淡化相关ISO国际标准，推动标准互认；与泰国自然资源与环境部、印度尼西亚国家研究创新署、柬埔寨环境部共同发起蓝色市民倡议，举办蓝色市民能力建设培训等。

资料来源：在第三届“一带一路”国际合作高峰论坛海洋合作专题论坛中由自然资源部发布的“一带一路”蓝色合作成果清单。

（二）海上务实合作走向新阶段

1. 海上务实合作不断深化

海洋空间规划合作稳步推进，作为我国首例为“21世纪海上丝绸之路”共建国家编制的覆盖全海域的海洋空间规划，中国－柬埔寨海洋空间规划获得了柬方的高度认可；中泰海洋空间规划合作研究成果在泰国落地；中国海洋发展基金会设立并实施了“推行海洋空间规划，助力蓝色经济发展”海上丝绸之路项目，先后与18个沿海国家和海岛国家、3个国际组织签署“海丝项目”合作文件30余份，建立了支撑项目实施的海洋空间规划研究院、海洋空间规划技术重点实验室和海上丝绸之路项目综合业务平台。海洋经济规划合作深入推进，中方编制《佛得角圣文森特岛海洋经济特区规划》，项目成果列入2018年中非合作论坛北京峰会的重要成果。中方与各国在海水淡化领域的合作十分紧密，2014年，中方为马尔代夫马累海水淡化厂加快恢复供水提供了重要技术援助；2017年，针对吉布提共和国研发设计了“集装箱式反渗透海水淡化装置”；2020年，自然资源部天津海水淡化与综合利用研究所与沙特阿拉伯盐水转化公司签署谅解备忘录；2023年，自然资源部天津海水淡化与综合利用研究所与沙特国际电力与水务公司签署了《关于海水淡化项目合作的谅解备忘录》，双方将在海水淡化方面开展全方位合作[①]。

① 《共商共建共享 共迎蓝色未来》，《中国自然资源报》，2023年10月19日。

2. 中国－东盟蓝色经济合作机制率先成型

中国－东盟（10＋1）领导人会议作为中国－东盟官方最为重要的合作机制，是双方进行合作、沟通与洽谈的重要平台。2003年该领导人会议决议共建自由贸易区，此后中国－东盟自由贸易区逐步建成，中国与东盟的双边贸易额也快速增长。自2012年1月国家海洋局发布《南海及其周边海洋国际合作框架计划（2011—2015）》以来，中国与东盟国家开展了形式多样的合作，并在2016年迭代发布《南海及其周边海洋国际合作框架计划（2016—2020）》，合作领域进一步拓宽。截至目前，中国与东盟建立了多个以海洋合作为主体合作内容的合作机制，包括中国－东盟自由贸易区（CAFTA）下的海洋合作、中国－东盟海上合作基金等。东盟地区论坛作为亚太地区唯一的官方多边安全对话机制，也举办过多场诸如“海上环境保护与合作”“航道安全”等主题的研讨会。自然资源部组织国家海洋信息中心等部属机构强化与东盟国家蓝色经济交流合作机制建设，已与东盟多国签订了合作谅解备忘录，共同开展在海洋经济统计核算、海洋产业创新发展、蓝色产业园区规划等领域的合作研究，取得了积极成效[①]。合作机构设立方面，中国与9个共建国家建立联合海洋合作研究中心、联合海洋实验室和联合海洋观测站，并积极推动建立中非海洋科学与蓝色经济合作中心、中国－太平洋岛国防灾减灾合作中心等合作机构。

（三）外贸规模勇攀新高峰[②]

1. 进出口和政策因素推动外贸稳进提质

2022年，我国货物贸易进出口总值首次突破40万亿元关口，同比增长7.7%，连续6年成为世界第一货物贸易国。出口方面，主要产品

① 殷悦、林香红、辛冰：《中国－东盟蓝色经济合作现状与展望》，《海洋经济》2022年第6期。

② 本部分数据来自《国务院新闻办就2022年全年进出口情况举行发布会》，中华人民共和国中央人民政府新闻办网站，2023年1月13日。

竞争优势足，近年我国对东盟、欧盟等主要贸易伙伴的出口都保持较快增长；新兴市场加速开拓，2022年，对“一带一路”共建国家出口增长20%，对非洲、拉丁美洲出口增长率均接近15%；出口新动能强劲发力，绿色低碳产品出口增速普遍超过60%；我国出口国际市场份额接近15%，连续14年居全球首位。进口方面，国内需求潜力大，近年全国规模以上工业增加值、固定资产投资等主要经济指标保持增长态势，尤其是2022年中间产品进口增长7.5%。政策支持方面，外贸政策红利持续释放，随着稳经济一揽子政策和接续措施的陆续出台和效能释放，在外贸领域涉及保障通畅、加大财税金融支持、鼓励外贸新业态、支持外贸企业保订单拓市场、提升贸易安全和便利化水平等方面，外贸主体活力得到有效激发。2022年，有进出口实绩的外贸企业数量同比增长5.6%，进出口表现稳健。

2. 开放对于外贸的红利持续释放

《区域全面经济伙伴关系协定》（RCEP）政策红利持续释放，2022年，我国对RCEP其他成员国进出口总值接近13万亿元，增幅为7.5%，占我国外贸进出口总值比重超过30%。自由贸易试验区制度型开放持续扩大，形成“企业集团加工贸易保税监管模式”“国际航行船舶转港数据复用模式”两项创新制度。2022年，我国自由贸易试验区进出口达7.5万亿元，同比增长高达14.5%。跨境贸易效率日益提高，海关总署联合国家有关部门推出十条便利化措施，深化国际贸易“单一窗口”建设，整体通关时间不断压缩，2022年12月全国进口、出口整体通关时间分别缩短至32.02小时、1.03小时，分别比2017年缩短67%、92%。

3. 民营企业的外贸占比企稳回升

民营企业作为我国外贸最大主体，对外贸的企稳回升作出重要贡献。2022年，民营企业进出口规模所占比重首次超过一半，对我国外贸增长贡献率超过80%。民营企业与传统伙伴以及新兴市场伙伴的贸易关系均不断升温，2022年，民营企业对东盟、欧盟、美国这前三大贸易伙伴以及其他金砖国家、拉丁美洲、中亚五国的进出口总值均保持两位数增长，尤其是与中亚五国之间的进出口总值增速达55.1%。此外，中西部地区民营企业活力快速提升。2022年，中部、西部地区民营企业进出口总值增速均在20%以上，合计占民营企业进出口总值比重同比提升了1.4个百分点。

二、浙江海洋开放合作成效和挑战

2003年，习近平同志指出，自古以来，海洋就是开放的象征。浙江之所以能成为全国开放的前沿阵地，浙江人民之所以具有比较强烈的开放意识，与我们濒临大海，较早参与海上经济活动息息相关。[①] 20多年来，浙江省以一以贯之的坚定决心推动海洋开放合作，海洋强省和自贸试验区建设深入推进，同时也显现出一些问题短板。

（一）海洋开放合作取得显著成效

1. 海洋开放国际经贸建设不断推进

一是"一带一路"建设高效推进。"义新欧"中欧班列迈上新台阶，积极克服乌克兰危机等不利因素影响，回程班列逆势快速增长，回程率超过38%。班列经营模式持续创新突破，班列信息化水平进一步提升。截至2022年底，"义新欧"中欧班列已累计开通19条线路、覆盖51个国家和地区、通达160个城市，年发行2269列，发运18.6万个

---

① 习近平：《发挥海洋资源优势 建设海洋经济强省——在全省海洋经济工作会议上的讲话》，《浙江经济》2003年第16期。

标箱，发运量同比增长19.2%，年运输金额超400亿元，成为“一带一路”中欧交往的“金丝带”[①]。

二是大宗商品贸易政策争取取得成效。积极谋划将有条件的舟山保税油地方牌照升级为全国牌照，完成铁矿石交易中心研究报告和建设方案上报国家有关部委。继续深化与上海期货交易所（以下简称上期所）“期现合作”，发布并应用全国首个人民币定价的低硫燃料油船供报价指数，中国舟山价格指数体系基本成型；深化交易模式创新，落地“产能预售+期货稳价订单”业务；保税商品登记系统完成联调联试，加快打造全国首个大宗商品仓单注册登记可推广、可示范的创新标杆。为做大做强浙江自贸试验区油品贸易、交易市场，编制了中国（浙江）自由贸易试验区国家储备原油市场调节动用试点方案，并已呈报国家能源局。

【专栏5-2】舟山市船用燃料油政策制定实施成效

一是发挥船用燃料油出口退税政策优势，燃料油出口再创新高。2020年1月，财政部、国家税务总局、海关总署印发《关于对国际航行船舶加注燃料油实行出口退税政策的公告》，明确对国际航行船舶在我国沿海港口加注的燃料油，实行出口退（免）税政策，增值税出口退税率为13%。2020—2022年，舟山市内生产、混兑企业共实现出口燃料油186万吨，办理燃料油出口退税6.4亿元。

① 《“义新欧”中欧班列：辐射50多个“一带一路”沿线国家》，义乌市人民政府网，2023年10月16日。

二是积极制定保税燃料油供应扶持政策，保税燃料油供应“无忧增长”。从企业供油规模、设施设备、人民币结算等方面给予专项奖励，2018—2022年，统筹省、市财政相关专项资金1.4亿元，用于各项保税油奖励政策的兑现，鼓励企业进一步拓展供应业务和供应领域，稳定保税燃料油油源供应。

三是助力炼化企业享受政策红利，推动企业产能进一步释放。2022年，为浙江石油化工有限公司、中海石油舟山石化有限公司两家市内炼化企业共办理增值税留抵退税108.6亿元，极大缓解企业资金压力，有效助推浙江石油化工有限公司二期全面达产，拉动产能进一步释放，促进中海石油舟山石化有限公司加快技术改造和设备更新，为高质量发展积蓄新动能。

资料来源：舟山市人民政府。

2. 浙江自贸试验区高标准建设

一是主要指标数据量质齐升。浙江自贸试验区实际使用外资再创新高，2022年实际使用外资达34.84亿美元，占全省18.1%，同比增长37.6%。对外贸易总量迈上新台阶，2022年自贸区内进出口总额达9669.6亿元，占全省20.6%，同比增长22.4%。扩大进口持续发力，2022年自贸区进口额达5157.3亿元，占全省41.2%，同比增长23.8%。出口增速高于全省平均值，2022年自贸区内出口额4512.3亿元，占全省13.1%，同比增长20.9%。[①] 外贸进出口与外资利用强势表现推动浙江自

① 《2022年进出口总额同比增长22.4%，浙江自贸试验区继续发力奔跑》，银柿财经，2023年2月23日。

贸试验区不断走向高质量发展，提升全省对外开放能级。

二是重点领域先行先试。围绕贸易、投资、金融、人员、运输“五大自由”和数据安全有序流动，获批一批国家级重大改革试点，包括国务院批复的服务业扩大开放综合试点，中国人民银行总行、国家外汇管理局支持的本外币合一银行账户体系等试点，海关总署支持的入境特殊物品安全联合监管机制试点，国家发展改革委支持的综合要素改革试点，等。围绕国务院扩区方案、赋权方案的改革任务，落地实施率达到95%，截至2022年底累计形成制度创新成果382项、全国首创113项，在全国复制推广30项。

三是数字治理水平达到新高度。聚焦数字经济跑道，深化打造一批自贸特色场景应用。油气自贸区领域，上期所、浙油中心、杭州海关三方共建保税商品登记系统，推动期现一体化市场做大做强；油品数字化监管平台正式上线，促进油品仓储行业标准化、规范化；海上数字加油站迭代升级，助推锚地使用效率提升30%。数字自贸区领域，小商品数字自贸应用集成商品展示、交易撮合等综合服务，在线交易额突破400亿元；数字综保应用助力综保区创新监管模式，上线以来为企业节约成本超1650万元；数字贸易“单一窗口”推进海关、税务等跨部门数据共享，提升新型贸易便利化水平。枢纽自贸区领域，江海联运在线辐射长江经济带，提升船舶运输效率，为企业节约成本15亿元；数字口岸综合监管和服务应用成为全国第一个口岸一体化综合服务系统；数字化国际贸易服务平台不断优化国际供应链体系，为10万多家企业降本增效。

（二）海洋开放合作面临的问题和挑战

1. 部分国家储备原油存在“动不起来”的问题

当前国家石油储备运行以静态管理为主，在储存环节注重“存进去”，在动用环节采取“零碎式”行政动用模式，“动不起来”的问题明显，部分油储基地至今未发生过调节动用。例如，舟山岙山 500 万方国家储备至 2022 年底仍未调配使用，采购成本约 160 亿元，仓储成本约 98 亿元，尚未计入管理费用、资金成本等，沉淀成本和资金压力较大。此外，部分炼油市场主体反映，未能直接享受到国家石油储备释放的市场红利。

2. 成品油批发无仓储政策试点存在问题

2022 年 7 月以来，根据国务院部署，国家发展改革委会同国家税务总局等 15 部委，在全国范围内统一开展成品油行业专项整治，重点整治成品油生产企业偷逃消费税等违法行为，同时严格成品油经营准入，对无仓储设施的成品油经营单位，不予危险化学品经营许可，不予开通成品油经销企业成品油发票开票模块，不得从事成品油经营活动。活动开展以来，舟山多家无仓储的成品油批发企业陆续退出市场，造成油气贸易企业数量急剧萎缩。此外，因市场主体缺乏，贸易交易环节难以开展有效压力测试，难以形成现货价格指数，进一步影响油气全产业链改革探索。

3. 自贸试验区宁波片区存在非建设用地地下空间确权问题

大榭岛“百地年 200 万方丙烷地下洞库”项目的主体工程基本完成，但存在非建设用地地下空间确权的问题，仍需自然资源部予以支持。此外，宁波片区与中海油商谈的大榭岛 300 万吨原油储备的洞窟项目，后续也将涉及非建设用地地下空间确权问题。

三、浙江海洋开放合作未来展望

为进一步深化全省海洋开放合作，加快打造大宗商品资源配置枢纽，应充分发挥自贸试验区等高能级开放平台优势，在提升自贸试验区能级、参与“一带一路”共建、推进中东欧合作、提升口岸开放与便利化水平、向上争取政策方面发力，助力全省高水平对外开放。

（一）全力攻坚自贸试验区提升发展

全面实施自贸试验区提升战略，以制度型开放和数智治理为牵引，加快大宗商品配置能力提升，着力打造国家级能源资源保障基地、绿色石化产业基地和大宗商品交易中心。加快数字自贸试验区提升，建设数字经济产业体系，融入高标准数字贸易规则，探索数据基础制度体系。加快国际贸易优化提升，推动货物贸易提质增效，创新发展服务贸易，大力发展新业态新模式。加快国际物流体系提升，提升物流网络辐射能力和"四港联动"牵引能力，发展高端港航服务业。加快项目投资提升，加快高能级平台建设，打造双向投资合作高地和高端要素及创新人才集聚地。加快先进制造业提升，着力提升企业竞争力，发展重点产业集群，打造科技创新引领区。加快制度型开放提升，推动跨境数据安全有序流动，促进跨境金融开放和人民币国际化业务。加快数智治理能力提升，丰富自贸数智场景，构建高效协同机制，建立理论制度体系。

（二）深度参与"一带一路"建设

全面落实中国高质量共建"一带一路"八项行动，高水平建设"一带一路"重要枢纽，共同推动"一带一路"国际合作迈上新台阶。持续提升宁波舟山港硬核力量，积极融入国际多式联运大通道格局，携手构建立体互联新网络。推动数字贸易创新发展，全面落实自贸试验区提升战略，携手共创开放经济新体制。深化"一带一路"国际产能合作和第三方市场合作，聚焦重点合作领域实施"小而美"项目，携手拓展产能合作新领域。大力实施生态文明"一带一路"合作行动，深化绿色基建、绿色能源、绿色交通等合作，携手推动绿色发展新实践。共建科技创新平台，共推产业创新合作，共育高端创新人才，携手深化科技创新合作。深化国际教育、公共卫生领域合作，携手激发民间交往新活力；深化风险防控领域多边合作，携手健全风险防控新机制。

（三）大力推进中东欧合作互动交流

充分发挥宁波作为中国—中东欧国家经贸合作示范区的引领作用，努力把宁波打造成中国和中东欧国家经贸促进中心，同时积极发挥省内其他地区的资源优势，在杭州市滨江区、温州市瓯海区、绍兴市新昌县、金华市义乌市、金华市浦江县、丽水市青田县进一步打造中东欧经贸合作示范区联动区，形成全省合力。推动“一带一路”共建国家的地理标志等“特”“优”商品进入商超、电商平台、特色社区乃至高速公路服务区，扩大商品进出口。充分发挥浙江数字化改革优势，打造“一站式”交易、一体化管理、一条龙服务的中东欧商品进口数字化服务平台，进一步提升中东欧商品进口的便利度。拓展国际投资合作，一方面加快“走出去”，积极鼓励省内企业到中东欧国家投资，同时鼓励更多浙江企业到中东欧国家设立营销网点，完善采购渠道；另一方面聚焦“引进来”，积极吸引中东欧国家企业到本地投资。

（四）聚力提升口岸开放及便利化水平

宁波舟山港和温州港作为浙江海运口岸代表，宁波舟山港需在更广领域、更深层次开展口岸业务探索创新发展实践。随着宁波港口口岸扩大开放，未来将进一步调整港口岸线的功能分工，实现港口资源的进一步科学释放，同时加快推进口岸验收的前期工作，使项目尽快具备扩大开放验收条件。深入落实宁波海关20条便利措施，适时予以优化调整。温州港加快全国性综合交通枢纽建设，进一步压缩内支线通关时长、降低通关查验率、提升温州港能级、提升铁路场站规模和优化外贸物流配套设施；持续推进“提前申报”“两步申报”等通关改革作业模式，持续优化口岸布控查验比例，加快推进深水航道、涉港铁路、综合货运枢纽等集疏运项目，推动乐清湾港区口岸尽早正式开放，优化乐清湾港区作业空间布局，推动水果、肉类进口指定口岸整改提升。

（五）积极向上争取相关政策试点

加快探索形成一套符合市场需求、真正发挥国家石油储备能源保障和市场调节功能的动用机制，上报国家相关部门，争取在国家石油储备灵活调用方面先行先试，并加快释放国家石油储备市场红利。积极向上争取成品油经销企业无仓储政策试点，阻止油气贸易企业数量萎缩颓势，加快形成原油现货价格指数，推动油气全产业链改革探索。积极向自然资源部争取政策，探索推进浙江自贸试验区宁波片区非建设用地地下空间确权登记，编制城市地下空间开发利用管理及确权登记法规条例。

第六章

海洋生态保护治理

海洋是高质量发展战略要地，保护好海洋生态环境，关乎建设美丽中国和海洋强国。近年来我国加大污染治理和生态保护修复力度，深入实施重点海域综合治理攻坚战等重大治理行动，以美丽海湾建设为统领，陆海统筹推动近岸海域水质持续改善，全国海洋生态环境质量总体呈稳中向好趋势。浙江省在海洋生态保护方面也取得了一定成效，积累了一些成功经验，值得深入挖掘研究。

一、全国海洋生态保护治理现状[①]

2013 年，习近平总书记就强调，要把海洋生态文明建设纳入海洋开发总布局之中，坚持开发和保护并重、污染防治和生态修复并举，科学合理开发利用海洋资源，维护海洋自然再生产能力。要从源头上有效控制陆源污染物入海排放，加快建立海洋生态补偿和生态损害赔偿制度，开展海洋修复工程，推进海洋自然保护区建设[②]。2019 年，习近平总书记进一步提出，要高度重视海洋生态文明建设，加强海洋环境污染防治，保护海洋生物多样性，实现海洋资源有序开发利用，为子孙后代留下一片碧海蓝天[③]。

2022 年我国海洋生态环境状况总体稳中趋好。海水环境质量总体保持稳定，典型海洋生态系统处于健康或亚健康状态，全国入海河流水质状况总体良好，主要用海区域环境质量总体良好。

① 本部分数据来源：《2022 中国海洋生态环境状况公报》。

② 《习近平：要进一步关心海洋、认识海洋、经略海洋》，中国政府网，2013 年 7 月 31 日。

③ 《习近平致信祝贺 2019 中国海洋经济博览会开幕强调 秉承互信互助互利原则 让世界各国人民共享海洋经济发展成果》，求是网，2019 年 10 月 15 日。

（一）近岸海域海水水质整体向好

2022年我国近岸海域海水水质整体向好。通过强化入海排污口整治监管、严格海水养殖监管、推进沿海农业农村污染治理、加强船舶港口污染防治等措施，2022年全国管辖海域水质总体稳定，夏季一类水质海域面积占管辖海域面积的97.4%，近岸海域水质呈现改善趋势。2022年春季、夏季、秋季劣四类水质面积比例有所下降，平均为8.9%，同比下降0.7个百分点，主要超标指标为无机氮和活性磷酸盐。

【专栏6-1】新加坡海洋生态保护政策

新加坡是公认的花园城市和岛屿城市，政府高度重视环境保护，尤其是海洋生态保护。新加坡政府明确将海洋生态保护纳入国家发展战略中，制定了蓝色发展总体规划和蓝图，并针对航运、生物多样性等重点领域制定了具有针对性的计划和倡议，基本形成了完整的海洋生态保护管理政策体系。

在海上航运领域，新加坡海事及港务管理局2011年发布了新加坡海事绿色倡议，以减少航运及相关活动对环境的影响，进而促进新加坡的清洁和绿色航运发展。该倡议包括绿色船舶计划（GSP）和绿色港口计划。2019年该倡议进一步延长至2024年12月31日，旨在促进海洋清洁燃料的使用及节能操作措施的运用，构建繁荣的海洋经济生态系统。

在生物多样性保护领域，新加坡国家公园委员会2015年启动了自然保护总体规划，涉及海洋、沿海、陆地，覆盖生态系统、物种和基因等各个层面。2019年，新加坡国家生物多样性中心发布国家生物多样性战略与行动计划，一是成立沿海和海洋环境技术委员会，作为管理沿海和海洋资源的协调机构；二是国家公园委员会通过与多方合作，开展一系列关于生物多样性的研究项目；三是实施珊瑚礁恢复项目，维护新加坡的海洋生态系统。

在海岸带保护领域，2018年，新加坡国家公园委员会制定综合城市沿海管理计划，计划鼓励利益相关者之间建立密切和积极的伙伴关系，以优化沿海资源利用，在沿海开发的同时保护敏感的沿海生境。2021年，新加坡国家公用事业局制定沿海保护总体规划，逐步对新加坡海岸线各段进行沿海适应性措施的研究和概念设计，通过将新加坡海岸线划分为不同的部分，分阶段逐步制定针对不同海岸线特征的海岸保护措施。

资料来源：王群、桂筱羽，《新加坡海洋生态保护的政策实践及启示》，《自然资源情报》2023年第6期。

（二）海洋生态系统健康状况总体改善

海洋生态系统健康状况总体改善，自2021年以来已持续消除“不健康”状态。全国典型海洋生态系统7个呈健康状态、17个呈亚健康状态、无不健康状态。各地积极开展海洋生态自然保护地和重要滨海湿地保护修复，实施红树林、盐沼、海草床等典型海洋生态系统修复、外来入侵物种互花米草治理和岸线整治修复等，保障海洋生态系统健康。

（三）主要用海区域环境质量总体良好

海洋倾倒区、海洋油气区环境质量总体基本稳定，2022 年海洋倾倒区及周边海域水质符合或优于第三类海水水质标准，与 2021 年相比，倾倒区水深、海水水质、沉积物质量基本保持稳定，全国海洋油气平台周边水质基本符合第一类海水水质标准。海水浴场水质、海洋渔业水域环境质量总体良好，通过有序推进海水养殖生态环境监管，不断提升海洋渔业水域质量。

【专栏 6-2】厦门美丽海湾建设实践

厦门东南部海湾覆盖思明区全域，拥有鼓浪屿–万石山风景名胜区、国家海洋公园、厦门珍稀海洋物种国家级自然保护区等。数据显示，2022 年厦门东南部海域海水水质优良（一、二类）点位比例 100%，8 个海滨浴场水质优良率 100%。近岸海域生态环境质量明显改善，近 3 年底栖生物丰富度显著提升，底栖生物物种由 32 种提升至 59 种，生物丰富度由 131 个 / 米 ^{2} 提升至 206 个 / 米 ^{2}。

高效治理海洋污染物。厦门市思明区坚持“查、测、溯、治、管”原则，开展全岸线入海排放口排查，实现“空、天、地、水”一体化排查溯源。为强化海漂垃圾清理，出台《厦门市近岸海域海漂垃圾综合治理工作方案》和《厦门市海漂垃圾整治三年行动方案（2020—2022 年）》，每天投入 117 名海岸保洁员，推动实现辖区沿海岸段日常清理全覆盖，确保海漂垃圾日产日清。

坚持海洋生态系统保护。2007 年，厦门率先在全国开展沙滩修复工程，分类制订修复计划。出台全国首个滨海岸线保护规划，建立科学的滨海岸线保护体系，促进滨海岸线可持续利用。建立海洋自然保护地体系，强化对白海豚等海洋珍稀物种保护，在全国建立第一个中华白海豚省级自然保护区。

营造人海和谐幸福海湾。厦门市通过增加亲海景观、优化亲海平台、构建亲海廊道，满足群众对景观、休闲、戏水等亲海的需求，带动旅游文化产业快速发展。厦门市积极建设海湾公园等较为完整的滨海亲海体系，推动沙滩修复工程，打造溪头下“中国最浪漫婚纱村”，建设鹭江道、环岛路等亲海岸线，打造沙坡尾海洋文化创意港，营造和谐幸福海湾。

资料来源：《厦门日报》，2023 年 8 月 29 日。

二、浙江海洋生态保护治理成效和挑战

坚持开发和保护并举，是建设海洋强省的一个重要原则。习近平总书记再三叮嘱，我们的发展是可持续发展，我们不能以牺牲生态环境为代价[①]。浙江省通过完善治理体系，提升治理能力，取得了一系列海洋生态保护治理成效，同时也存在着重点海湾河口区域水质有待提升、美丽海湾保护与建设推进不平衡、近岸海域生态环境质量有待改善等问题。

（一）海洋生态保护治理取得显著成效

1. 治理体系逐步完善

一是构建重点海域综合治理攻坚体系。《浙江省重点海域综合治理

① 《“习书记通过发展海洋经济拓宽了浙江发展的视野和格局”——习近平在浙江（二十三）》，《学习时报》，2021 年 3 月 31 日。

攻坚战实施方案（2022—2025 年）》印发实施，以“三湾一港”为主战场，推进杭州湾、三门湾、乐清湾和象山港等重点海湾海陆协同治理。7 个沿海设区市印发市级重点海域综合治理攻坚战实施方案，省市协作、联合发力，重点突破河口 – 海湾生态系统碎片化、生态系统健康程度低等瓶颈，全面铺开城市污染治理、农业农村污染治理、海水养殖环境整治、船舶港口污染防治等攻坚行动，形成了陆海统筹、省市协同的治理体系。

二是构建入海河流氮磷控制体系。2022 年，第二轮入海河流氮磷浓度控制圆满完成。2023 年，《浙江省主要入海河流（溪闸）总氮、总磷浓度控制计划（2023—2025 年）》印发实施，启动新一轮入海河流总氮、总磷治理。目标设置上，充分考虑各控制断面削减成效和潜力，对每个断面每年分别设置优秀和合格两档总氮浓度控制目标。以达到合格目标为底线，鼓励各地深化入海河流总氮控制工作，进一步挖掘总氮削减潜力，推动更多地方达到优秀目标。

三是构建入河入海排污口监管体系。2022 年，省政府办公厅印发实施了《浙江省加强入河入海排污口监督管理工作方案》（浙政办发〔2022〕69 号），坚持精准、科学、依法治污，以改善生态环境质量为核心，以数字化改革为引领，陆海统筹一体深化排污口设置和管理改革，建立健全责任明晰、设置合理、管理规范的排污口长效监管机制，实现了对入河入海排污口污染物排放的有效管控。

四是构建美丽海湾保护与建设体系。2022 年 4 月，《浙江省美丽海湾保护与建设行动方案》印发实施，围绕美丽廊道、美丽岸线、美丽海域和能力提升，提出四大行动和十二项具体举措。组织指导沿海各市因地制宜制订辖区“美丽海湾”建设方案，将美丽海湾监测任务纳入全省生态环境监测工作体系。2022 年 9 月，浙江省生态环境厅在宁波召开美丽海湾保护与建设现场推进会，美丽海湾保护与建设体系进一步健全完善。

【专栏 6-3】温州市：美丽海湾打造“人与生物圈”耀眼明珠

南麂列岛诸湾位于温州东南部海域，总面积 148.88 平方公里，海岸线长 56.91 公里，是我国第一批国家级海洋自然保护区、我国唯一的海岛型世界生物圈保护区、国际重要湿地，也有中国最美十大海岛之一的南麂岛。南麂海域生物区系复杂、物种资源丰富，是我国温带、亚热带、热带贝藻类分布的交错带，享有“贝藻王国”“海上神农架”等美誉。

其经验做法有以下四方面。

一是科技先行，保护海洋生物多样性宝库。持续开展生物多样性保护体系和监测网络建设，建立贝藻类、海洋性鸟类、野生水仙花等主要保护物种的监测观察网络。实施“海洋牧场”等生物资源恢复工程，建成南麂列岛国家级海洋牧场示范区。依托省级博士后科研工作站、温州市院士专家工作站等平台，深化与中科院海洋研究所、南京林业大学、温州大学等科研院所的合作，开展贝藻类、野生水仙花等海洋科研课题研究。

二是深度治理，打造美丽海湾整治新格局。将环境保护、生态旅游、土地利用、城镇建设等内容统一纳入规划，构建海湾整体保护和系统治理格局。出台《南麂列岛国家级海洋自然保护区基本建设项目管理办法》《浙江省南麂列岛国家级海洋自然保护区管理条例》，为南麂列岛诸湾生态环境保护提供法治保障。深入实施保护区核心区居民整体搬迁工程，开展农村生活污水治理和入海排污口“堵、疏、纳、治”规范化整治工作。

三是创新制度，建立美丽海湾长效管控新机制。实施“美丽海湾”常态化巡查，对重点海洋生态隐患问题实行限期整改销号。启动“碧海”“海盾”“护岛”三大专项执法行动，严厉打击各类偷盗采捕等破坏海洋生态行为。建立健全南麂列岛国家级海洋自然保护区、南麂镇政府、行政村三级管护机制，打造立体化管护网络，完善风险隐患发现机制。

四是生态赋能，发掘美丽海湾新特色。大力发展生态旅游，成功打造“南麂大黄鱼”品牌，建立“南麂大黄鱼”产供销一体化平台。以海岛风景示范带建设为重点，完成司令部景观绿化等一批环境提升项目。升级改造宋美龄故居、浙江全境解放纪念碑等人文景观，组织港澳台青少年夏令营、台胞相思园植树等活动，发挥南麂对台文化交流基地作用，营造特色海岛文化氛围。

资料来源：温州市生态环境局。

【专栏6-4】海宁海盐先行段：突出一段先行，绘就美丽画卷

海宁海盐生态海岸带先行段沿海岸线全长约64.83公里，腹地深度约15公里。海宁市以海宁海盐先行段建设为重点，聚焦绿色生态、人文休闲、经济发展等方面，系统谋划推进25个重点项目建设。海宁市着力构建“一核三片、一廊两组

团”空间架构，目标建设成为“河口海塘最生态、田园风光最休闲、观潮文化第一景的河口田园型生态海岸带”。

其经验做法有以下三方面。

一是与潮共舞，打造自然人文景观带。海宁市依托地理环境优势、自然景观特色和基础设施配套，培育运动休闲旅游文化，积极拓展“观潮+”旅游产品，成功打造国际观潮节、潮音乐节、国际追潮马拉松等旅游活动品牌，实现潮文化与现代元素有机融合。实施千年古城复兴工程，充分挖掘盐官千年古镇的历史底蕴，与音乐产业、文化产业深度融合，打造产城融合新名片，着力提升盐官“潮”品牌IP影响力，规划打造融合古城、潮韵、音乐元素的音乐文旅综合体项目。

二是揽湖出海，绘就美丽生态新画卷。海盐县围绕打造河口田园型生态海岸带样板的建设目标，依托自然禀赋、文化资源和生态环境优势，打造特色旅游线。投资1亿元打造了北里湖生态乡野型湿地景观，完成南北湖詹家湾至郁家湾一带生态修复工程。落实林相改造和植物培育工程，完成鹿山林相改造，打造白鹭洲江南园林水上游线景点，推进环湖滨湖带、钱江潮源湿地和北里湖湿地建设，积极推动本地资源绿化与美化升级。着力打造人文地标、建筑地标、景观地标。

三是踔厉奋发，唱出产业发展最强音。海宁海盐先行段抓紧抓牢抓实重大项目建设，加快培育具有爆发力和引领力的经济增长点，为高质量发展打造新引擎。盐官音乐小镇、海宁市百里钱塘综合整治提升工程、南北湖未来城一期建设等项目推进顺利；海宁晶科、正泰等龙头企业聚焦“双碳”

领域，积极发展绿色低碳产业，冲出“百亿项目百日建”的速度，助力实现双碳目标；澉湖琴洲、应奎堂·北湖艺舍等文创项目相继落地，为生态海岸带建设注入新的活力。

资料来源：嘉兴市生态环境局海宁分局。

五是构建海水养殖生态环境监管体系。2023 年，浙江省生态环境厅、农业农村厅进一步贯彻落实《生态环境部 农业农村部关于加强海水养殖生态环境监管的意见》，完成全省海水养殖项目排查，依托“浙里蓝海”应用建立海水养殖数字化台账。组织开展浙江省《海水养殖尾水排放标准》制订工作，在前期充分调研的基础上，完成排放标准草案编制，并通过了浙江省市场监督管理局 2023 年度标准立项。建立健全海水养殖生态环境监管体系，逐步消除海水养殖污染监管盲区。

2. 治理能力全面提升

一是持续迭代更新“浙里蓝海”应用。深化卫星遥感技术应用，2022 年基于入海排污口水色异常遥感识别模型，对浙江省沿海 4100 个入海排污口开展每 3～5 天一次的遥感监视监测，共识别出 160 个需重点关注的水色异常排污口，为入海排污口监管提供了有力支撑。以数字化改革为引领，深化“浙里蓝海”应用迭代升级，创新开发“杭州湾综合治理攻坚”子场景、亚运涉海赛事保障等功能模块，为绘制美丽海湾综合画像提供支撑，有效提升了美丽海湾治理体系和治理能力现代化水平。

二是首创“蓝色循环”海洋塑料废弃物治理新模式。2022 年以来，在浙江省生态环境厅、台州市生态环境局和椒江分局的组织推动下，以蓝景科技为实施主体，在全国首创“蓝色循环”新模式，通过“物联

网 + 区块链”技术，对海洋塑料废弃物进行源头控制、低碳回收、高值利用，构建产业价值再分配体系，赋能社会弱势群体致富。试点开展以来，回收海洋废弃物 5580 吨，其中塑料废弃物 2083 吨，减少碳排放约 1870 吨，已成为国内最大的海洋塑料废弃物单体回收项目。设立“蓝色共富基金”，精准惠及海洋塑料废弃物收集群体，成为海洋生态环境治理领域的共富样板。

【专栏 6-5】浙江蓝景科技：“蓝色循环”浙江实践

浙江省聚焦海洋塑料垃圾、船舶污染物等废弃物的治理难题，打造具有内驱力、可持续、可复制的“蓝色循环”治理新模式，由浙江省生态环境厅组织推动，浙江蓝景科技有限公司作为创新主体，于 2020 年在台州市先行开展项目试点，并逐步扩展至沿海 12 个县（市、区），累计回收含油污水等船舶污染物 4900 吨，海洋塑料垃圾 2100 吨（包括塑料瓶 938.2 万余只），成为目前全国单体回收海洋塑料废弃物量最大项目。“蓝色循环”浙江实践已被国家发展改革委作为典型案例向全国推介，项目荣获 2023 年联合国“地球卫士奖”。

其经验做法有以下三方面。

一是构建海洋废弃物治理平台，实现减污降碳。在浙江 12 个县（市、区），与当地渔业合作社、渔嫂协会等民间组织合作，共发动 1365 名沿海村落的低收入群众参与边滩、闸口、塘坝等区域垃圾收集清理。在各地渔业港航部门支持下，在沿海 26 座渔港码头建设 61 套具有国际先进水平的废弃物智能收处设施“海洋云仓”，联网调度 5800 多艘海上渔船与

1300余艘商船加入海上船舶污染物回收行动。截至2023年，参与治理各类群体达61000人次，共收集8类海洋废弃物约7000吨，减碳约1890吨，有效改善近岸水域水质。

二是推动海洋塑料产业链协同，实现高值利用。将数字技术应用从收集领域延伸到循环利用领域，联合240余家企业建设海洋塑料产业互联网：在再生端、深加工端、认证端和品牌销售端，实现塑料废弃物高值利用。同时，蓝景科技联合维多（中国）能源有限公司等企业，开发可在国际市场交易的塑料废物回收利用的“塑料信用”（Plastic Credits），将为每吨收集或再生的塑料再额外升值15%，进一步让海洋塑料废弃物“变废为宝”。

三是打造产业价值再分配体系，实现生态共富。项目联合产业链企业、国际环保组织组建公益组织“蓝色联盟”，提取海洋塑料高价值，利用20%的溢价部分，设立蓝色共富基金，重点反哺一线收集群体，补贴收集活动。发布空瓶置换公益活动，并通过与银行合作为高信用渔民提供金融服务，渔民通过船舶回收垃圾积累绿色信用。“蓝色循环”项目在治理近岸海域污染、带动塑料相关产业发展的同时，有效帮助当地群众增加收入。

资料来源：浙江蓝景科技有限公司。

三是推进“海洋云仓”数字建设。按照“一地创新、全省推广”的要求，在全省沿海各地积极推广“海洋云仓”数字化改革应用成果，目前台州市6个沿海县市区已建设“海洋云仓”53套，舟山市普陀区已建设“海洋云仓”6套，均已开始运营。利用云计算和智能网络对渔船污染物收集、转运和处置情况进行智能传感、智能控制、智能管理，实现船舶水污染物全流程智治，全面提升船舶和港口污染防治能力。

四是有效提升监测监管能力。加快推动卫星遥感、自动浮标站等技术的运用，全面提升了海洋生态环境数字化治理能力。2022年4月，全国首艘千吨级海洋生态环境监测船“中国环监浙001”在舟山正式列编，生态环境部副部长和相关司局技术单位领导参加了入列仪式。作为我国同类环监船中速度最快的海洋生态环监船之一，该船的投入使用有效提升了浙江省海洋生态环境监测数字化、网络化、智能化水平。

3. 治理成效创新突破

一是海水水质优良比例取得历史性突破。2022年浙江省海水优良水质比例为54.9%，连续3年创历史新高，超过2022年目标的14.7个百分点；纳入国家攻坚战方案的浙江省长江口－杭州湾区域3个设区市海水水质优良率达到50.1%，超过2022年目标的20.9个百分点。

二是入海河流氮磷浓度进一步下降。2022年浙江省入海河流（溪闸）总氮、总磷浓度控制工作取得积极成效，前一轮控制计划的20个主要入海河流控制断面总氮平均浓度较2020年均值下降9%，总磷下降22%，《浙江省近岸海域水污染防治攻坚三年行动计划》入海河流氮磷控制工作总体完成。浙江省重点海域综合治理攻坚战的23个国控入海断面总氮平均浓度较2020年均值下降12%、总磷下降22%，实现了较大幅度的改善。

三是创新海洋生态综合评价体系。探索建立海洋生态质量多因子评价方法，发布《浙江省海洋生态环境综合评价指标体系》（“蓝海”指数），为全省近岸海域和“三湾一港”的综合治理提供科学指导。以“蓝海”指数为核心，统筹考虑陆地、海洋、潮间带等多方面因素，分类设置个性化指标，制定《浙江省美丽海湾保护与建设评价管理办法（试行）》，明确浙江省美丽海湾的建成标准，统一评价尺度，将量化评价结果作为是否建成美丽海湾的主要依据。

四是入海排污口溯源监测全面完成。加强入海排污口监督管理，依托“浙里蓝海”应用，建立入海排污口“一口一档”并实现落图管理，组织 7 个沿海设区市完成 4453 个入海排污口 4 大类 29 小类分类调整，完成全省入海排污口溯源、监测工作，为全面完成入海排污口整治夯实了基础。2022 年，全省入海排污口在线监测达标率 99.15%，直排海污染源监督性监测达标率 99.8%。

（二）海洋生态保护治理面临的问题和挑战

1. 重点海湾河口区域水质有待提升

受长江径流输入和特殊地形水文等因素影响，每年大量的营养盐和泥沙沉积在浙江省北部海域，导致长江口 – 杭州湾海域存在劣四类海水比例较高，富营养化问题解决难度大，海水浑浊感观较差等问题。

2. 美丽海湾保护与建设推进有待平衡

部分美丽海湾建设项目所需的资金较大，但由于谋划和申报不到位导致资金保障不足，影响项目实施进度。部分海湾被纳入“十四五”美丽海湾建设国家规划推进项目，但目前整体建设进展相对滞后。

3. 近岸海域生态环境质量有待改善

自 2004 年国家开展海洋生态系统健康评价以来，杭州湾生态系统长期处于不健康状态，到 2021 年首次由不健康状态转为亚健康状态。

三、浙江海洋生态保护治理未来展望

浙江省将继续对标“两个先行”、打造生态文明高地和美丽中国省域标杆新要求，认真贯彻落实党的二十大决策部署及浙江省委、省政府中心工作，针对存在的问题短板，持续加强陆海统筹、河海共治，努力稳步提升近岸海域水质，在“两个先行”中奋力打造人海和谐新高地。

（一）深入实施重点海域综合治理攻坚

根据国家重点海域综合治理攻坚行动方案和浙江省方案部署的工作任务，深化专项攻坚，强化溯源分析，精准识别陆域水污染问题，实施分区科学治理，打好重点海域综合治理攻坚战。持续探索陆海统筹生态环境综合治理的新模式、新技术、新机制，总结优秀经验、打造典型案例，形成工具箱、案例库。

（二）持续深化入海污水管理控制

推动沿海各设区市进一步加大资金投入，推进实施入海河流水质改善、城市污染治理等 126 项总氮治理项目，做好市级入海河流氮磷控制计划的编制工作，推进全省 23 条国控入海河流“一河一策”治理与管控方案更新。2023 年底前，按照依法取缔一批、清理合并一批、规范整治一批的要求，以截污治污为重点，完成入海排污口“一口一策”分类整治。依托“浙里蓝海”应用，建设排污口监督管理平台，加强部门协同，强化数据共享，实现排污口排查整治、设置审批备案、日常监督管理等“一张图”数字化动态管理。

（三）加强海水养殖环境和海洋生物多样性保护

由生态环境部门中的渔业主管部门中的组织摸排海水养殖项目，建立未依法依规开展环境影响评价的问题清单，在“浙里蓝海”应用中建立海水养殖电子台账（含问题清单），动态更新海水养殖相关信息，制定整改方案并逐步依法推动解决。加强海水养殖入海排污口备案管理，结合排污口整治推进，做到应备尽备。总结象山东部诸湾、南鹿列岛诸湾的生物物种保护经验，完善海洋生物多样性保护机制，重点加强对中华凤头燕鸥、黑脸琵鹭等濒危珍稀物种的抢救保护，开展海洋生物多样性调查监测，加强宣传教育，打造海洋生物多样性保护体验地。

（四）全面推进美丽海湾保护与建设

全面落实《浙江省美丽海湾保护与建设行动方案》要求，实施“一湾一策”差异化治理，推动海洋污染防治向生态保护修复和亲海品质升级，促进海湾转清转净、转秀转美。2023年，先行建成宁波梅山湾、温州洞头诸湾、舟山普陀诸湾和台州湾4个重点美丽海湾。完善美丽海湾分类建设机制，建设滨海宜居型美丽海湾14个，蓝海保育型美丽海湾13个，临海产业型美丽海湾7个。实施《浙江省美丽海湾保护与建设评价管理办法（试行）》，开展美丽海湾建设成效量化评价，鼓励各地发挥自身优势，总结先进治理经验做法，推动体制机制创新。

（五）完善海洋塑料污染治理长效机制

提炼“蓝色循环”海洋塑料污染治理模式的核心理念和关键环节，推进海洋塑料回收可追溯的省级标准制定，加快创新模式的标准化进程；研究海上环卫制度和“蓝色循环”模式的衔接机制和融合方法，构建具有浙江特色的海洋塑料污染治理长效机制。

第七章

海洋空间资源管控

海洋在陆海内外联动、东西双向互济的开放格局中发挥着桥梁和纽带作用，为我国经济社会发展提供了稳固的资源能源保障和接续空间，是支撑未来发展的资源宝库和战略空间。我国是海洋大国，利用好、保护好海洋资源是推进人与自然和谐共生的现代化的重要任务。浙江省以科学方案和务实行动不断强化海洋利用、海洋保护、海洋治理，为建设美丽中国提供蓝色动力，形成了一些成功经验，为全国其他地区提供了有益的借鉴。同时，也存在一些问题，需要进一步改善。

一、全国海洋空间资源管控现状

2013 年 7 月，习近平总书记指出，21 世纪，人类进入了大规模开发利用海洋的时期。海洋在国家经济发展格局和对外开放中的作用更加重要，在维护国家主权、安全、发展利益中的地位更加突出，在国家生态文明建设中的角色更加显著，在国际政治、经济、军事、科技竞争中的战略地位也明显上升。习近平总书记还强调，要提高海洋资源开发能力，着力推动海洋经济向质量效益型转变。发达的海洋经济是建设海洋强国的重要支撑。[①] 海洋经济已经成为临海国家经济增长最具活力和前景的领域之一。总体而言，我国在全国范围内建立了科学、法治、协同的海洋空间资源管控机制，通过综合管理、科技手段和国际合作等途径，努力实现海洋资源的可持续开发和环境的有效保护。

（一）海洋空间用途管制水平有所提升

我国通过制定全国性的海岸带及海洋空间规划，对海域进行科学布局和功能区划分，明确了各区域的发展和保护目标，综合协调不同

① 《习近平：要进一步关心海洋、认识海洋、经略海洋》，中国政府网，2013 年 7 月 31 日。

海域的利用重点，促进了海洋空间资源的合理开发。基于生态系统的海岸带综合治理不断深化，陆海统筹的海洋空间规划体系基本成型，逐步建立“海域、海岛、海岸线全覆盖”“用海行业与用海方式相结合”的海洋空间用途管制制度。严格围填海管控和无居民海岛保护，综合运用多种监管手段及时发现并制止违法用海用岛。全面划定海洋生态保护红线，海洋自然保护地面积约10万平方公里。实施海岸带保护修复工程、蓝色海湾整治行动、红树林保护修复专项行动计划，整治修复岸线1500公里、滨海湿地3万公顷，局部海域典型生态系统退化趋势初步遏制[①]。

【专栏7-1】荷兰海域和陆域的统筹管理

海域和陆域实行统一管理是荷兰空间规划的一大特色。荷兰的空间规划体系包括国家、区域和地方3个层面，具有自上而下的高度管制性，并以空间规划法等一系列法律法规作为保障。在国家层面，荷兰对海域和陆地国土进行统筹，高度重视陆海功能的衔接，并在陆域空间规划中明确了海岸带管理区的范围。

在海岸带管理区的空间管理上，荷兰更是对海域空间的活动作出了具体的指引。以北海为例，针对其海域的空间活动，国家管理部门提出以下任务：保护水上航道的顺畅和安全流动，保证海岸带三角洲计划的实施，保护基岩岸线，保护海洋生态系统和自然保护区，为军演创造空间，保证向海

① 《以建设海洋强国新作为推进中国式现代化》，自然资源部官网，2023年9月22日。

12海里的开阔视线，保证海底管线的输送功能，指定采砂和补沙的空间范围，指定风电、石油等能源的开采空间，保护其考古价值等。

在海岸带管理区的空间规划上，不仅要求在保障沿岸安全的情况下创造岸线的丰富性和可持续性，保护和发展海岸生态、游憩、商业捕鱼、港口及航运等相关产业，还提出次级海岸计划的重点是为海岸线和其他产业发展创造长期、安全的策略环境。

资料来源：文超祥、刘圆梦、刘希，《国外海岸带空间规划经验与借鉴》，《规划师》2018年第7期。

（二）海洋法律法规体系加快完善

我国在全国范围内建立了一系列海洋法律法规，包括《中华人民共和国海洋环境保护法》《中华人民共和国海域使用管理法》等，为海洋空间资源的开发与保护提供了明确的法律依据和规范。这些法规涵盖了海洋产业、环保、渔业等多个领域。作为中国特色社会主义法律体系的关键组成部分，1982年以来，40多年里我国在海洋法治建设方面取得了显著进展。执行海洋基本法职能的“海洋两法”为保障我国海洋主权、安全和权益提供了法律支持。《中华人民共和国物权法》明确了海域的物权属性，海洋生态环境保护法律得到了加强，海洋管理、海事司法、海洋维权的强化和改革均在法律框架内进行。海洋功能区划制度在协调行业用海、统筹海洋资源开发和环境保护方面发挥了重要作用。海域使用权制度被视为海域使用管理制度的核心。我国的海洋法治建设为海洋事业提供了系统性的法律支持，为推动从海洋法制向海洋法治的转变奠定了坚实基础。

此外，海域法规范海域空间的使用管理，建立了海域管理制度。其包括三项基本内容：海洋功能区划制度、海域使用权制度和海域有偿使用制度。海洋功能区划是根据海域的区位条件、自然环境、自然资源、开发保护现状和经济社会发展的需要，按照海洋功能标准，将海域划分为不同的使用类型和不同环境质量要求的功能区，用以控制和引导海域使用方向，保护和改善海洋生态环境，促进海洋资源的可持续利用。《中华人民共和国海岛保护法》进一步完善了海岛保护规划，明确规定海岛保护规划是进行海岛保护与利用的依据，对海岛保护规划的内容以及编制、审批和修改程序作了规定。

（三）海洋科技监测体系有序推进

我国在全国范围内建立了海洋科技监测体系，包括海洋观测、卫星遥感、无人船等技术手段。海洋观测网络建设不断加强，包括海洋气象、海洋水文、海洋生态等多个方面，通过布设浮标、遥感卫星等设备，实现对海洋环境的长期、实时监测。海洋数据采集体系建设加快推进，通过船舶、浮标、卫星等多种手段采集大量海洋数据。同时，加强海洋数据的共享机制，使得不同机构和部门能够共享和应用这些数据。针对大范围、复杂的海洋环境，我国加强了海洋遥感技术的研发和应用，通过遥感手段获取海洋信息，包括海温、海表高度、海洋生态等数据，为海洋监测和管理提供科学依据。在海洋科技监测中，我国逐渐引入智能化技术，包括人工智能和大数据分析等，以提高监测的智能化水平和数据处理效率。通过以上技术的实施，实时监测海洋环境和资源变化，为精细化管控提供科学数据支持。

（四）海洋空间资源要素稳步供给

海洋空间资源要素供给稳步推进。2022 年，我国用海用岛审批程序进一步优化，全年报请国务院批准用海用岛项目 51 个，面积 22.35 万亩，同比增长 15%，保障油气、核电、液化天然气等重大基础设施用海用岛需求。多个沿海地区推进海域使用权立体分层设权，开启海上风电、海洋牧场、海洋旅游等兼容用海、融合发展模式，有效提升海域资源利用效率。海洋生态保护修复项目持续推进，全年完成整治修复海岸线 60 公里，滨海湿地 2640 公顷，营造和修复红树林 519 公顷①。

极地与深海保护利用迈上新台阶。近年来，深海资源调查勘探取得积极进展，在国际海底区域已拥有 5 块、面积达 23.5 万平方公里具有专属勘探权和优先开发权的矿区，我国成为拥有矿区数量最多和矿产种类最全的国家；国际海底命名、深海生物资源获取等工作彰显了我国的国际影响力；出台《中华人民共和国深海海底区域资源勘探开发法》，迈出我国深海法治化“第一步”。极地认知和保护能力不断增强，持续组织开展南极考察和北冰洋考察，“两船六站”的极地立体化协同考察体系发挥重要作用；承办第 40 届南极条约协商会议，中俄共建“冰上丝绸之路”取得积极进展②。

【专栏 7-2】福建省和山东省立体集约生态用海做法

我国以生态友好、环境友好的方式，实现了多层立体开发利用海域资源，提高了海域利用效率，实现了经济和生态的协调发展。

平潭深远海养殖海上风电融合发展试验项目位于福建省平潭岛东北侧一带海域，是福建省首个“海上风电 + 海上牧

① 数据来源：《2022 年中国海洋经济统计公报》。

② 《以建设海洋强国新作为推进中国式现代化》，自然资源部官网，2023 年 9 月 22 日。

场”融合项目，开创了我国海上绿色能源开发带动海上“蓝色粮仓”发展新示范。海上风电场拥有5兆瓦海上风电机组60台，主要利用水面空间；风电场下方海域放置网箱养殖黑鲷和石斑鱼，主要利用海水层空间。该案例涉及的海上风电与网箱养殖均属于构筑物用海，利用水面、水体多层海洋空间，实现高效集约用海的同时，产出清洁能源，获得了较好的经济效益与生态效益。

曙光汇泰渔光电站位于山东省东营市河口区新户镇海滩，总容量为70兆瓦，占用海域面积133.33公顷，日均发电量32万千瓦时，可实现年产值1.2亿元，节约标准煤24万吨，是典型的“渔光互补”发电项目。“渔光互补”模式是指利用鱼塘空间资源开发建设光伏发电项目，水面上层安装太阳能电池板进行光伏发电，海水层进行水产养殖，实现“一地两用，渔光互补”，极大地提高单位面积海域的综合利用效益。渔光电站集太阳能发电、现代渔业养殖、观光渔业于一体，一方面太阳能光伏系统发电，可改善能源结构，实现节能减排，缓解生态压力；另一方面光伏板遮挡阳光，可减少水蒸发，涵养水草，提高鱼塘单位面积产量。另外，可通过发展观光渔业，推动当地经济发展。

西洋海笋海水无土栽培与海参养殖结合项目位于山东省威海市南海新区。作为一种新型海水立体农业模式，该项目在水面上种植西洋海笋，在水面下养殖海参，实现了海水养殖与海水蔬菜种植的有机结合。一方面，海水养殖水体为西洋海笋等海水蔬菜提供充足营养，可减少肥料使用，降低种植成本；另一方面，西洋海笋等海水蔬菜在一定程度上净化了水质，并可在炎热气候下实现遮阴、降温功能，为水生动物提供适宜的栖息环境，提高养殖效益。这种养殖模式不仅可以有效解决海水养殖污染问题，还可以提高海产品的质量和产量，对推动海水养殖业可持续发展具有重要意义。

资料来源：何方、黎思恒、唐晓等，《关于立体集约生态用海的案例借鉴与制度探索》，《海洋开发与管理》2022年第7期。

二、浙江海洋空间资源管控成效和挑战

浙江省通过完善国土规划、支持国家经略海洋实践先行区建设、提高用地用海效率等一系列措施，在海洋空间资源管理方面取得了显著成效，同时仍然存在空间资源供需不均衡、生态修复考核不足、海洋防灾减灾体系需完善等问题。

（一）海洋空间资源管控取得显著成效

近年来，浙江省高度重视海洋空间资源管控，出台了一系列重点举措。全面完善国土规划，突出“三区三线”划定和省级国土规划，特别聚焦海洋管理，包括海岸带规划和智能海洋管理。出台政策支持国家经略海洋实践先行区建设，关注宁波舟山地区海域资源。着力提高用地用海效率，解决历史遗留问题和保障重大涉海项目，同时加强山海协作资源要素保障。创新海洋管理制度，推动审批试点扩面、低效用海有机更新、海域使用权分层设权。关注光伏项目用海规范，平衡光伏产业和海洋资源的利用。强调生态保护修复，推

进“蓝湾”整治行动和生态海岸带保护修复工程，注重海洋生态综合评价。加强海洋监测预警，实现“海灾智治”场景三级贯通，提高防灾减灾能力，积极开展海洋碳汇研究，关注蓝碳工作方案。通过推动实施以上重点措施，浙江省在海洋空间资源管控方面取得了突出成效，形成了一系列具有浙江特色的经验举措，具体有以下 5 个方面。

1. 完善顶层设计，发挥规划引领作用

一是完善国土空间布局管控。完成“三区三线”划定和省级国土空间规划的编制工作，重点完善了统筹陆海开发保护利用内容。完成省海岸带保护利用规划编制，加强海岸带保护利用规划与国土空间规划的衔接，推动市级海岸带规划编制工作。

二是出台助力国家经略海洋实践先行区建设政策意见。印发《加强海洋资源要素保障推进国家经略海洋实践先行区建设的若干举措》，聚焦宁波舟山地区海域海岛资源，助力“一岛一功能”海岛特色发展。

三是推进海洋管理整体智治。围绕“智控海洋”场景建设，完成数据归集工作，实现“海洋资源智管”子场景省市县一体贯通上线运行，推动海洋管理专题业务模块的需求对接及业务开发，进一步优化现有功能板块。

四是探索海域使用权立体分层设权管理。在海洋经济加快发展的背景下，浙江针对海域资源稀缺性，迎来多产业、多主体的海域开发利用新阶段。响应中央层面提出的探索海域使用权立体分层设权，并通过管理模式改革，成功实现了海域管理从二维平面化向三维立体化的转变。

【专栏 7-3】浙江省自然资源厅：海域使用权立体分层设权管理实践

随着海洋经济快速发展，用海需求持续增加，海域资源稀缺性日益凸显，亟须厘清海域空间产权关系，以应对多产业、多主体的海域立体开发利用新态势。《关于统筹推进自然资源资产产权制度改革的指导意见》首次从中央层面提出探索海域使用权立体分层设权。《要素市场化配置综合改革试点总体方案》再次强调要探索海域使用权立体分层设权。开展海域使用权立体分层设权的管理模式改革，落实了国家关于自然资源资产产权制度及要素市场化配置改革的相关要求，对于统筹推进海洋高质量发展和高水平保护具有重要意义。

其经验做法有以下三方面。

一是把握重点，先行开展海域立体管理政策改革。2022年4月，《浙江省自然资源厅关于推进海域使用权立体分层设权的通知》印发，这是全国首个深入谋划海域使用权立体分层设权的管理性文件，明确了海域使用权立体分层设权“怎么分层”“怎么论证”“怎么审批”“怎么监管”4个关键环节，从设权空间范围、海域使用论证、用海审批、产权登记、海域监测修复5个方面提出了具体要求，为地方开展海域立体开发利用提供明确指引，标志着浙江海域管理由二维平面化向三维立体化转变。

二是锚定难点，创新突破宗海界定关键技术问题。针对浙江立体分层设权项目宗海界定及宗海图编绘无标准可依的难题，浙江省自然资源厅委托浙江省海洋科学院组建技术团队，通过大量的基础调研和研究实践，编制印发《浙江省海域使用权立体分层设权宗海界定技术规范（试行）》，首先厘清了海域管理法中规定的“水面、水体、海床和底土”四层空间界限，其次提出了用海活动的宗海立面界址界定方法，再次明确了不同用海活动进行立体分层设权的主要原则，最后规范了宗海图件中立体空间信息的表达方式。该规范是全国首个综合性的海域立体分层设权地方标准，实现了海域三维产权空间的精准界定和精细描述。

三是多点实践，探索总结立体分层设权可行路径。2022年起在宁波、台州、温州、舟山、嘉兴等5个沿海地市开展实践应用，实现“光伏+渔业养殖”“光伏+温排水”“海堤+观海挑台”“海底电缆管道+码头”“海底电缆管道+排水口”等不同组合类型的立体设权，贯通了政策制定、图件编制、登记发证的闭环流程，累计批复16个用海项目，用海面积超1600公顷。多项实践经验为海上光伏风电、海塘安澜等各类项目立体开发利用提供可行路径，助力实施浙江“十四五”风光倍增工程和海塘安澜千亿工程等重点工程。

资料来源：浙江省自然资源厅。

2. 强化要素保障，提高用地用海效率

一是加快推进历史遗留问题处置。2022年以来，历史围填海区域内共审批项目用海89个，面积约14051亩。加快推进单个区块处理方案报批，2022年玉环市零星围填海等6个历史遗留问题处理方案获自然资源部备案同意，面积约 3975 亩[①]。

二是强化重大涉海项目要素保障。探索建立部省重大项目用海用岛保障联动机制，创设“一小组一专班一专家组”组织架构，积极保障重大项目用海需求。2022 年以来，保障了宁波舟山国家大宗商品储运基地和国际汽车研发测试中心等一批重点项目落地。同时加强海塘安澜等民生项目用海要素保障。

三是加强山海协作资源要素保障。2022 年，奖励预支山区 26 县省重大产业项目 2599.2 亩，奖励山区 26 县加快发展实绩考核指标 3000 亩，下达山区 26 县标志性公共设施用地指标 1401.7 亩[②]；保障金华港婺城港区乾西作业区工程、杭甬运河新坝二线船闸工程、东宗线湖州段四改三航道整治工程、浙北高等级航道网集装箱运输通道建设工程（湖州段）等 4 个项目，面积 1133 亩；坚持数字化改革，连通“投资项目在线 3.0”等 7 个相关应用，推进项目全周期节点化管理，提高用地审批效率。

3. 创新海洋管理制度，提升用海用岛管理水平

一是推进“集中连片论证、分期分块出让”审批试点扩面。全面完成台州湾新区“集中连片论证、分期分块出让”用海审批试点，并在总结试点经验的基础上印发《关于做好“集中连片论证、分期分块出让”用海审批试点扩面的通知》，在全省沿海市开展试点扩面。

二是开展低效用海有机更新。在三门县开展低效用海有机更新试点，在符合规划用途、管制要求的前提下，允许依据功能分宗设权，优先保障海洋经济重大项目和临港产业。

---

①② 数据来源：浙江省自然资源厅。

三是推进海域使用权立体分层设权。印发《关于推进海域使用权立体分层设权的通知》，出台《浙江省海域使用权立体分层设权宗海界定技术规范（试行）》，在全国率先制定海域使用权立体分层设权场景下宗海界定及宗海图编绘的标准。出台《浙江省自然资源厅关于规范光伏项目用海管理的意见》，统筹兼顾海上光伏产业发展和海洋资源保护利用。

【专栏 7-4】台州三门县：高效推进低效用海有机更新试点

台州三门县位于中国“黄金海岸线”中段的三门湾畔，它的发展史是一部人海和谐促发展的兴海史。三门县原有船舶工业用海企业25家，涉及用海面积5730亩，在产船舶企业8家，停产企业17家（涉及用海面积4530亩），全县船舶工业用海效益总体较为低下。近年来，三门县委县政府坚持向海挺进、拥湾发展，借助低效用海有机更新试点，放大改革促发展的政策优势，通过有力举措、分类处置，重塑了低效用海有机更新路径，低效用海有机更新试点亮点纷呈，走出了一条独特的海洋强县之路。

其经验做法有以下四方面。

一是政策扶持，试点春风劲。2022年以来，三门县在浙江省发展改革委、浙江省自然资源厅的支持和帮助下，积极开展低效用海有机更新试点工作。截至2023年，开展低效用海有机更新16宗，用海面积3766亩。

二是有力组织，提升配置效率。成立以县长为组长、分管副县长为副组长的处置低效用海工作领导小组，统筹推进试点工作。积极开展三门县船舶工业用海的全面调查，摸清家底，科学编制三门县临港低效用海有机更新试点方案；成立县级层面临港产业发展专班，统筹推进临港产业布局。

三是重塑路径，提高利用效率。①推动船企技改提升，鼓励海域使用权人通过追加投资、技术升级等方式，推进科技创新和产业提升双联动。②变更海域使用用途，引导传统船舶修造行业转型升级为新型建材产业、港口物流等产业。③引导海域使用权流转，探索要素流转、要素合作、要素入股等多种资源要素流转模式，进一步盘活海域资源。④规范海域使用权分宗，根据项目使用需求对现有海域使用权进行分割转让。

四是分类处置，提高改革效率。一方面针对已投产的低效用海船舶企业，开展船舶行业专项整治，倒逼企业通过技改提升、扩大规模等有力举措提高自身生产效能；另一方面针对已停产或未投产的低效用海船舶企业，采取司法拍卖、市场化收购等方式进行海域使用所有权转移或采取用途变更等方式进行有机更新。其中，三门县国有资产投资控股有限公司积极响应县委县政府号召，顺应建设现代化国企的发展使命，截至2022年已收购、盘活低效船舶工业用海企业6家，整合岸线长度约2180米，实施并招引项目落地6个，是三门县低效用海有机更新工作的主力军。

资料来源：三门县自然资源和规划局。

4. 推进生态保护修复，提高海洋生态评价水平

一是推进“蓝色海湾”整治行动和生态海岸带保护修复工程。在持续推进2022年4个首批省级“蓝湾”项目的基础上，完成2023年省级“蓝湾”项目评选工作，支持5个县（市、区）开展“蓝湾”项目建设。扎实推进“蓝湾”项目建设，加快项目实施海洋生态保护修复。落实围填海区域生态修复项目，截至2022年底，21个报部备案的围填海历史区域生态修复项目累计投入26亿元，2022年已投入10亿元。

二是深化海洋生态综合评价。完成2021年度全省27个沿海县（市、区）海洋生态预警监测评价[①]，初步掌握了全省及各沿海县（市、区）海洋生态家底、资源禀赋和风险水平，形成全国首份海洋生态预警监测评价报告，得到省部级领导的肯定。推进2022年度趋势性评价，探索优化海洋生态综合评价指标体系，推动浙江作为国家生态海岸带评价试点。

5. 加强海洋监测预警，提升海洋灾害综合防范能力

一是实现“海灾智治”场景三级贯通。聚焦风险智能感知、智能研判、智能管控目标，结合海洋灾害“两网一区”建设工程和防灾减灾体制机制改革，打造“海灾智防”数字化应用场景，实现省市县三级贯通。

二是提高海洋防灾减灾能力。优化海洋立体观测网，编制完成《浙江省海洋观测站“十四五”布局优化方案》，加强站点建设，强化数据归集管理。优化海洋智能预报网，编制完成《浙江省海洋智能网格预报业务规定（试行）》，提升海洋灾害预警能力“颗粒度”，强化预警保障工作。深化重点防御区能力建设，开展海洋灾害风险普

① 数据来源：浙江省生态环境厅。

查，率先划定风暴潮灾害重点防御区，推动风险监测预报预警协同融通。

三是积极开展海洋碳汇研究。印发《浙江省自然资源领域蓝碳工作方案》，科学谋划、全面布局浙江“十四五”期间全省蓝碳总体目标、工作格局和主要工作任务。印发2022年度蓝碳工作实施方案，全面启动全省蓝碳工作。已完成三门湾盐沼湿地碳储量监测评估并编制评估报告初稿。

【专栏7-5】宁波象山县：成功拍卖全国首单蓝碳

2023年2月28日，全国首单蓝碳拍卖交易在象山县黄避岙乡斑斓海岸线广场举行，共有24家符合条件的企（事）业单位参加西沪港渔业资源2022年度2340.1吨碳汇量的竞拍。经过76轮竞拍，最终由浙江易锻精密机械有限公司以总价24.8万元竞得全国首单蓝碳标的，溢价率253.3%。

其经验做法有以下三方面。

一是聚焦“政院企”三主体，组建联合团队。首先是政府主导。2022年7月以来，象山县发展改革局牵头开展蓝碳研究并谋划蓝碳交易模式，同步成立由当地发展改革局、县委宣传部等单位共同组成的工作专班，制定全国首单蓝碳拍卖交易实施方案，有力有序推进各项前期工作。其次是院所支撑。深化与专业科研院合作，将蓝碳研究作为突破口，委托宁波海洋研究院开展全县蓝碳储量调查，编制县域海洋碳汇建设路径研究和蓝碳行动计划。宁波海洋研究院组建以副院长领衔的业务团队，邀请国际欧亚科学院院士严小军等专家共同参与，全方位支撑服务全国首单蓝碳拍卖交易。最后是企业参与。作为此次拍卖交易卖方之一的象山旭文海藻开发有限公司全程参与、通力合作、建言献策，积极配合开展蓝碳项目核查备案、浒苔核证等工作。同时，积极动员市内外企业关注蓝碳并参与此次拍卖活动，24家符合条件的企（事）业单位中，县外参与竞拍企业共3家。

二是聚焦“人货场”三要素，确定交易场景。首先，创新交易方式。此次蓝碳交易一改以往传统方式，策划推出拍卖形式，让更多买方主动参与，更好体现市场价值，是一次拓宽蓝碳资源“变现”渠道的创新尝试。其次，拓展交易品种。当地拥有得天独厚的渔业资源，此次拍卖交易的蓝碳，来自西沪港“西沪三宝”——海带、紫菜和浒苔的碳汇量。其中，浒苔碳汇量是全国蓝碳交易的一次全新探索。最后，突破交易场所。此次拍卖场所定于黄避岙乡斑斓海岸线广场，从室内转至室外，以西沪港蓝天碧海为背景，受到交易双方和各家媒体一致好评，优美的环境和热烈的气氛不仅激发买卖双方热情，也通过媒体将“斑斓海岸”“西沪风情”传播推向全国。

三是聚焦“算核拍”三环节，依法依规操作。首先，依据核算。由宁波海洋研究院生态修复和蓝碳团队负责碳汇量核算工作，确认交易卖方产权归属，对碳汇本底及碳储量进行评估，在充分调研、技术沟通和关键数据测定的基础上，确定此次拍卖交易总量。其次，依规核证。核算结果经北京中创碳投科技有限公司核证，确定此次拍卖交易碳汇量为2340.1吨，并根据《养殖大型藻类和双壳贝类碳汇计量方法——碳储量变化法》（HY/T 0305–2021）等文件要求，出具全国首单蓝碳拍卖交易西沪港渔业碳汇项目核证报告。最后，依法拍卖。此次全国首单蓝碳拍卖交易活动由司法部门把关、县产权交易中心负责，严格按照《中华人民共和国拍卖法》执行，确保拍卖物品权属清晰，并事先告知此次拍卖蓝碳不能用于流通交易。同时，规范拍卖行为，维护拍卖秩序，保护拍卖活动各方当事人合法权益。

资料来源：宁波市自然资源和规划局。

（二）海洋空间资源管控面临的问题和挑战

尽管浙江在海洋资源管控方面取得了较大成效，但是仍然存在空间资源供需、生态修复考核、防灾减灾体系 3 个方面的现实问题。具体来看：

1. 空间资源需求与供给有待均衡

受区域位置、交通条件及基础设施配套等影响，目前涉海项目主要布局在基础条件相对成熟的地区，用地用海矛盾较为紧张。围填海历史遗留问题区域由于受到交通不便以及区位相对偏僻的影响，重大涉海项目引入困难，存在地多项目少的供需不均衡问题。

2. 生态保护修复考核仍需加强

海洋生态保护修复的对象涉及不同生态系统，不同空间地理分布，在实施过程中涉及面广，缺乏统一的考核标准，不利于任务目标的考核控制和管控验收，海洋生态保护修复工作绩效评估和考核机制需进一步完善。

3. 防灾减灾体系有待完善

浙江是海洋灾害影响最严重的省份之一，随着全球气候变暖和海洋经济快速发展，沿海地区海洋灾害风险日益突出，海洋防灾减灾形势十分严峻。海洋防灾减灾体系还有待完善，亟须实现省市县三级海洋灾害应急指挥部常态化运行，加强海洋灾害防御体系与基层防汛防台体系的融合。

三、浙江海洋空间资源管控未来展望

针对上述问题，下一步应重点从 4 个关键方面着手，以应对当前海洋空间资源管理的挑战。首先，通过海岸带及海洋空间规划构建三级规划体系，实现空间分区管控和资源分类管控。其次，着重提高资源要素利用效率，包括加快历史围填海区域问题处置和保障国家重大项目用地用海。再次，以生态保护修复为核心，推动“蓝色海湾”整治行动和围填海区域生态修复。最后，通过提升海洋灾害防范能力和数字化场景建设，实现海洋生态精准化管控，全面应对海洋管理挑战，促使可持续发展目标的实现。

（一）以海岸带及海洋空间规划为抓手，优化国土空间格局

一是编制实施海岸带及海洋空间规划，构建三级规划体系。编制出台省海岸带及海洋空间规划和沿海五市市级规划，并选择温州市洞头区试点编制县级试点，建立空间分区管控、资源分类管控的“五色”分级管控机制，构建海岸带海洋生态和防灾减灾分类分级管控机制。二是加强规划配套制度建设，完善海岸带管理制度。研究编制加强海岸带综合保护与利用意见，以及围填海历史遗留问题区域详细布局方案编制技术要点，指导市县编制详细布局方案。

（二）以资源要素保障为基础，提高要素利用效率

一是加快围填海遗留问题处置。2023 年全年力争审批历史围填海区域的项目用海 1.5 万亩以及安澜千亿等基础工程、民生公益性用海 5000 亩，实现历史围填海可处置率达到 90% 的五年目标三年 100% 完成。二是加强重大项目用地用海保障。聚焦稳住经济大盘的工作要求，打好“工业产业用海、重点基础设施用海、重大项目用海”的海洋资源要素供给组合拳，完善清单化流程化审批制度，保障苍南核电、三门核电、小洋山北作业区等国家重大项目用海。

（三）以生态保护修复为核心，筑牢蓝色生态屏障

一是持续推进“蓝色海湾”整治行动。继续积极向上争取新的国家“蓝湾”项目，同时围绕在建国家和省级“蓝色海湾”整治行动，大力推进退养还滩、岸线整治、红树林种植及生境恢复、海堤生态化及滨海湿地建设等修复措施。2023 年，浙江省有 4 个国家“蓝湾”项目通过验收，分别是台州台州湾、温州苍南、舟山嵊泗和台州玉环。二是狠抓历史围填海区域生态修复。稳步落实围填海区域生态修复，加快围填海区域受损生态系统恢复，进一步提升围填海区域内海洋生态水平，持续推进全省 21 个单报围填海历史遗留问题生态修复工作，完成资金投入 8 亿元。

（四）以海洋减灾预警为抓手，保障海洋生命安全

一是持续提升海洋灾害防范能力。实现观测数据有效率 90% 以上，海洋灾害预警报准确率 82% 以上，新建（含建成和开工）海洋观测站点 5 个。同时开展灾害风险精细化预警，并建立风暴潮灾害重点防御区内重大涉海工程的海洋灾害风险评估指标和方法体系。二是不断强化海洋生态预警监测。同时完成全省典型蓝碳生态系统基础调查，绘制全省典型蓝碳生态系统分布图。三是着力推进海洋数字化场景建

设。结合 2022 年度汛期实战经验，迭代升级“海灾智防”应用场景，同时以海洋生态综合评价为切入口，加快推进海洋“生态智判”应用场景建设，重塑海洋生态协同管理机制，提升海洋生态精准化管控水平。

第八章 推进浙江海洋经济高质量发展

党的十八大以来，以习近平同志为核心的党中央准确把握时代特征和世界潮流，统筹“两个大局”，作出了建设海洋强国的重大部署，提出了依海富国、以海强国、人海和谐、合作共赢的发展道路，为下一步海洋强国建设以及浙江海洋经济倍增发展提供了根本遵循。展望未来，要以更高的历史站位、更宽广的国际视野、更坚定的决心、更务实的举措，全面推进海洋强国建设以及浙江省海洋经济高质量发展，为实现中华民族伟大复兴的中国梦作出新的更大贡献。

一、海洋强国建设未来展望

海洋强国建设，将坚持以习近平总书记关于建设海洋强国的重要论述为指导，全面贯彻落实党中央关于建设海洋强国的决策部署，坚持陆海统筹，大力优化海洋经济空间布局，加快构建现代海洋产业体系，持续提升海洋科技自主创新能力，协调推进海洋资源保护与开发，不断提高国际竞争力和影响力，奋力开创建设海洋强国新局面。

（一）以海洋科技自立自强为原动力，增强海洋强国创新动能

海洋科技创新是建设海洋强国的根本动力，加快海洋开发进程，振兴海洋经济，关键在海洋科技创新。下一步要推动国家高能级海洋科创平台建设，加快建立使命驱动、任务导向的新型实验室体系，建设国家深海基因库、国家深海标本样品馆和国家深海大数据中心，推进国家海洋综合试验场建设及高效运行，积极培育打造国家战略科技力量。强化基础研究前瞻布局，推动海洋气候动力过程与海洋灾害预警机制、海洋碳循环与碳汇机制、地质演变、生态系统演变等重大科学问题研究，推动取得原创性突破。在国家重点研发计划中设置海洋

科研攻关项目，体系化推动产业链“卡脖子”关键技术攻关，形成一批“硬核”战略成果。鼓励企业与高校、科研院所打破壁垒，建立多形式合作关系，形成以企业为主体、市场为导向、产学研深度融合的创新体系。推动学科交叉融合和跨学科研究，构筑适应未来发展的“大海洋科学”学科体系，建成国际一流涉海学科群。

（二）以现代海洋产业体系为支撑力，集聚海洋强国发展势能

作为促进海洋产业新旧动能转换、实现海洋产业转型升级的必然要求，现代海洋产业体系是促进海洋经济高质量发展的重要抓手，也是建设海洋强国的重要支撑。下一步要优化海洋经济重大战略平台布局，分类推进临港制造、海洋资源类产业、文旅服务业发展，形成优势突出、开放多元、潜力广阔的现代海洋产业体系。加快支持船舶及海工装备制造自主化水平，积极发展大型集装箱船等高端船舶，做精工程船等特种船舶，培育发展养殖工船等新船型，加快大型海洋钻井平台、海水淡化综合利用设备等海工装备制造。有序发展沿海（海岛）核能，加快发展深远海海上风电，建设一批海上能源综合利用岛，推进国家级潮流能试验场建设，加快潮流能产业化进程。加快发展深远海智能化设施养殖，大力发展海洋食品精深加工。推进特色海湾旅游发展，加快建设和美海岛，打造一批海岛旅游精品线路。开展国际邮轮访问港建设，探索开通公海无目的地邮轮航线。积极培育海洋电子信息、深海矿产开发、氢能、海洋碳汇、卫星互联网等未来海洋产业，打造海洋经济新增长极。

（三）以港口“硬核”力量为牵引力，提升海洋强国开放能级

海洋港口是基础性、枢纽性设施，是经济发展的重要支撑，更是建设海洋强国的强大动力。下一步要加快建成世界一流强港和世界级港口集群，完善以国际枢纽海港为引领，主要港口为骨干，地区性重要港口、一般港口相应发展的多层级协同发展格局，加快建立布局合理、层次分明、优势互补、功能完善的现代化港口体系。加快推进智慧港口、智能航运等的建设，打造一批特色航运海事服务高地。深入推进海南自贸港和上海洋山特殊综合保税区建设，支持浙江自贸试验区大宗商品贸易能力升级。提升口岸开放便利化、智能化水平。加强与“海丝”沿线国家和地区港口对接合作和互联互通，主动参与 RCEP 国际海洋经贸合作，打通 RCEP 海外循环市场。构建中国－东盟蓝色经济伙伴关系，建设“冰上丝绸之路”。深化与周边国家和地区、“海丝”沿线国家和地区海上搜救应急合作，向国际社会提供更多海洋治理公共产品。

（四）以海洋生态文明建设为承载力，筑牢海洋强国蓝绿本底

加强海洋生态文明建设，是生态文明建设的重要组成部分，更是建设海洋强国的永续动力。下一步要聚焦海洋资源空间利用，加快海岸带及海洋空间规划的印发实施，优化海岸带及海洋空间布局，全面摸清我国海洋资源家底，完善海洋空间用途管制政策。实施行业用海精细化管理，加强海岸线分类保护，完善海岛管理制度体系，探索无居民海岛高水平保护、高效率利用的新路径。从生态系统整体性出发，通过海港污染综合治理、临堤滩涂提升改造等多种方式，推进海岸线、海域、海岛、海岸带一体化保护和修复。坚持“一口一策”分类攻坚，高水平推进入海排污口整治提升，实现重点入海排污口在线监测全覆盖。实施入海河流（溪闸）控制计划，逐步建立入海河流总氮、总磷监控体系，加快实现排海污染源总氮、总磷排放零增长。扎实推进“蓝色循环”项目。探索建立蓝碳多元投融资机制、蓝碳监测核算、蓝碳计量评价方法和海洋植被生态系统服务经济价值评估方法，将蓝碳纳入海洋生态补偿范畴。

二、浙江海洋经济未来展望

未来浙江海洋经济的发展，将坚持秉承“干在实处永无止境，走在前列要谋新篇，勇立潮头方显担当”精神，持续贯彻落实习近平总书记涉海的重要论述精神，在高质量推进全省“两个先行”过程中，推进海洋经济倍增发展，高水平建设海洋强省，为浙江在奋力推进中国式现代化新征程上勇当先行者、谱写新篇章作出积极贡献。

（一）坚持以宁波舟山为核心，优化浙江海洋经济发展布局

构建宁波舟山要事共商、产业共兴、项目共建、科技共创、服务共享机制。宁波要发挥港产城联动优势，加快建设现代海洋城市。舟山要用好自贸区和国家级新区政策叠加优势，高质量建设舟山群岛新区。拓展两市在绿色石化、船舶修造、海洋生物医药、滨海旅游等产业的协同发展、错位发展。协力提升杭州、绍兴、嘉兴、台州、温州等地的海洋发展水平。实施一批牵一发动全身的改革开放新举措，形成一批走在全国前列的特色成果，为高质量发展建设共同富裕示范区提供重要支撑，为海洋强国建设作出浙江贡献。

（二）坚持现代化理念，构建具有浙江特色的海洋产业体系

浙江海洋资源位居全国前列，理应在海洋产业尤其是现代化产业体系构建上，继续走在前列。为此，下一阶段浙江应积极发挥临港产业集群较强的优势，着重打造以绿色石化为支撑，以油气进口、储运、贸易、服务为延伸的油气全产业链，积极推进海洋清洁能源做大做强，协同推进船舶及海工装备、车制造等临港先进装备制造做特做优，着力发展海洋旅游、海洋渔业、海洋生物医药等优势产业

集群，大力培育海洋新材料、深海矿产勘探利用、海洋碳汇等新兴产业。

（三）坚持国际领先示范，打造世界一流强港

港口历来是浙江最大的优势，也是最鲜明的特色和最重要的战略资源。从唐宋时期海上丝绸之路始发港，到近代“五口通商”，再到改革开放，浙江的港口一直是我国港口建设中的重要阵地。为此，下一阶段浙江要深入贯彻习近平总书记关于宁波舟山港“硬核”力量的重要论述精神，对标国际一流，坚持量质并举、扬长补短，打造世界级全货种专业化泊位群，持续提升宁波舟山港在国际集装箱运输体系中的枢纽地位。加强与全球知名航运金融、经纪等服务机构对接与合作，形成多样化的航运金融机构布局，创新航运金融产品，拓展航运金融服务需求，做强国际海事服务产业，发展燃油、LNG、淡水、物资等船供补给服务，完善评估、检测、信息、法务等配套服务功能，努力将宁波舟山港打造成支撑新发展格局的战略枢纽、服务国家战略的“硬核”力量。

（四）坚持创新驱动发展，建设海洋科技创新策源地

海洋科技与教育创新能力是海洋经济发展的核心竞争力，也是浙江建设海洋强省亟须补齐的最大短板，需切实加快海洋科技创新步伐，积极争取在全球海洋科技竞争中掌握主动权。为此，下一阶段浙江要围绕海洋资源环境技术与深海关键技术总方向，进一步做强环杭州湾海洋科创核心环，引领带动全省海洋科技创新。加大共性关键核心技术攻关力度，围绕海洋资源、防灾减灾、海洋新材料、海洋工程装备及高技术船舶等方向，攻克一批关键技术，打通科技成果转移转化“最后一公里”。积极培育海洋科技型企业，完善“微成长、小升规、高壮大”梯次培育机制，大力培育海洋科技领域的领军型企业、高成

长企业和“独角兽”企业。提升涉海院校办学水平，支持浙江涉海院校与国内高水平涉海院校开展合作培养，建好涉海类优势特色学科和国家一流本科专业。

（五）坚持拓展蓝色“朋友圈”，提升海洋开放合作能级

海洋开放是新时代展现中国特色社会主义制度优越性的重要海上窗口，也是浙江由海洋资源大省向海洋强省跃升的重要渠道。为此，下一阶段浙江应坚持扩大开放合作，主动发展海洋领域“地瓜经济”，推动形成全方位、多层次、宽领域的海洋开放合作新格局。深化与东南亚、南亚、中东欧等“一带一路”共建国家合作。完善油气全产业链开放新格局，加快推进国际海事服务基地、国际油气储运基地、国际石化基地、国际油气交易中心和人民币国际化示范区建设，打造以油气为核心的大宗商品资源配置基地。打造新型国际贸易中心，创新发展跨境电商，大力发展数字贸易和市场采购贸易。把握《区域全面经济伙伴关系协定》（RCEP）签署的机遇，进一步推动区域跨境贸易通关便利化、投资政策透明化。加强与“海丝”沿线国家和地区的海洋交流合作，吸引更多涉海资源在浙集聚。纵深推进义甬舟开放大通道建设，支持山区海岛县在发达地区集中布局一批山海协作“产业飞地”“科创飞地”。

（六）坚持人海和谐共生，打造海上“绿水青山”浙江样板

党的二十大报告指出，坚持可持续发展，坚持节约优先、保护优先、自然恢复为主的方针，像保护眼睛一样保护自然和生态环境。海洋生态与陆地生态浑然一体，不可分割，要协同推进陆海生态环境提升。为此，浙江下一阶段应坚持开发和保护并重，构建陆海一体开发保护格局。推进海域、海岛、海岸线分区分类保护与利用，坚持以自然恢复为主、人工干预为辅，深入实施海域、海岛、海岸线等生态修

复。大力加强海洋生态环境保护与修复，实施“一湾一策”精准治理。加强陆海环境污染综合防治，开展“一河一策”治理，共抓大保护，协同打好长江口－杭州湾综合治理标志性战役，加强海洋综合行政执法和监测能力建设。加快构建“美丽海湾”建设新格局，加快建设海宁海盐等 4 条生态海岸带先行段。全面开展海洋碳储量和碳汇能力调查评估、蓝碳机理研究与蓝碳增汇技术研发，探索海洋生态产品价值实现机制。增强海岸带防灾减灾整体智治能力，提升海洋综合立体观（监）测、海洋精细化预警预报、风险识别防控、预警服务供给能力。

后　记

面向现代化新征程，高质量发展是全面建设社会主义现代化国家的首要任务，海洋经济是高质量发展的重要组成部分。全球沿海国家将海洋开发治理放到了更高战略层面，全国沿海省市也纷纷将战略重心投入海洋领域。当前，中国海洋强国及浙江海洋强省建设方面，已经取得了不少全球领先的新举措、新模式、新实践，有必要通过系统梳理、提炼经验、提出建议，更好推动海洋强国建设走深走实，助力实现中华民族伟大复兴。

浙江省发展规划研究院深耕海洋领域 20 余载，长期关注海洋经济发展变化，开展了系列海洋相关重大研究、规划意见编制工作。本书分别从港口、产业、科技、开放、生态、空间等涉海领域总结了当前海洋强国建设领域成效。同时以浙江省为例，系统梳理了“八八战略”实施以来浙江海洋经济发展的总体成效，对涉海具体领域分别进行成效分析与问题总结，并相应搜集提炼了具体实践案例，进一步推动海洋经济发展理论与实践的结合，更好助力海洋强国建设。

本书是集体研究创造的成果。浙江省发展规划研究院众多研究人员参与了书稿的筹划与撰写，成员包括：吴红梅（总负责、书稿指导和审阅），毛翰宣（具体负责，统筹，框架设计，第一章、第八章执笔人），冯程瑜（协助负责统筹，第二章、第八章执笔人），王维（前期资料收集整理，第三章执笔人），罗煜（第四章执笔人），薛峰（第五章执笔人），周星星（第七章执笔人），白冰（第六章执笔人），感谢各位研究人员的辛勤付出。

研究过程中得到了浙江省发展和改革委员会林见处长，浙江省海洋经济发展厅陈觅副处长，浙江省台州市台州湾新区管委会钟越等专业人士，以及浙江省海洋经济发展厅、浙江省发展和改革委员会、浙江省自然资源厅、浙江省交通运输厅、浙江省科学技术厅、浙江省商务厅、浙江省生态环境厅等省级有关部门单位和浙江 11 个设区市和有关县（市、区）人民政府对书稿观点、案例调研、研究资料收集给予的大力支持，在此一并表示诚挚的感谢！

海洋强国建设是一项系统性工程，涉及海洋港口、海洋产业、海洋科技、海洋开放、海洋生态、海洋空间管控、海洋权益保护等方方面面。浙江省发展规划研究院将继续围绕海洋经济开展深入研究，期待有关部门及社会各界继续支持，共同为海洋强国建设添砖加瓦，出一份力。

由于研究团队水平有限，书中错误在所难免，敬请读者批评指正，不吝赐教。